名师自述

杨永生　王莉慧　编

U0823940

中国建筑工业出版社

图书在版编目（CIP）数据

名师自述／杨永生，王莉慧编．—北京：中国建筑工业出版社，2008
ISBN 978-7-112-09970-2

I．名… II．①杨…②王… III．建筑学－文集 IV．TU-53

中国版本图书馆CIP数据核字（2008）第029800号

责任编辑：王莉慧　何　楠
责任设计：董建平
责任校对：孟　楠　王雪竹

名师自述
杨永生　王莉慧　编
*
中国建筑工业出版社出版、发行（北京西郊百万庄）
各地新华书店、建筑书店经销
北京嘉泰利德公司制版
北京市彩桥印刷有限责任公司印刷
*
开本：787×1092毫米　1/16　印张：13¼　字数：294千字
2008年9月第一版　2008年9月第一次印刷
印数：1-3000册　定价：38.00元
ISBN 978-7-112-09970-2
(16773)
版权所有　翻印必究
如有印装质量问题，可寄本社退换
（邮政编码 100037）

编者的话

这是一本建筑师自己写自己的书。写什么？

约稿时，我们曾希望建筑师写出自己学习的经历以及主要设计成果，并通过项目介绍说明自己的设计理念和背景，包括与业主、官方等有关方面的交流，还希望包括经验教训，以求读者有所借鉴并增加可读性。

由于每位建筑师的成长过程有所不同，对建筑的理解和认识也不相同，从而写出的文章不仅长短不一，而且内容、写法也不尽相同。这样也好，免得千篇一律，枯燥无味。

策划此书时，曾向40余位建筑师约稿，由于大家忙于做方案、搞设计，乃至无暇顾及总结自己，虽经多次催促，也只收到了18篇文稿。好在现在编出的只是第一辑，我们还将编辑第二辑、第三辑……希望各位名家抽空继续写。

这里还需要说明的是，书中除3篇文章此前已在有关书刊发表外，其余都是为本书撰写的特约稿。

杨永生　王莉慧

2007年12月

目 录

（以收稿时间为序）

保持理性的头脑走在创作的大道上

白佐民

1935年生于黑龙江，1957年毕业于西安建筑工程学院，分配至重庆建筑工程学院任教。后曾担任教授、建筑系系主任等职。1988年派往海南主持设计院工作直至1995年退休后成立白佐民建筑设计事务所。作品多分布于重庆及海南，并多次获奖。与他人合作的专著有《中国美术全集》中的《坛庙建筑》一书及《城市雕塑设计》等。

建筑学这个大舞台，我是被推到台面上的，对此中国建筑工业出版社有着“不可推卸的责任”。1979年建工出版社出版了一本名为《中国建筑画选》的大型画册，为多年平静的建筑设计行业带来了一股春风。在该书的前言里说明这些建筑画是聘请了国内知名的专家学者评选出来的，在专家学者名单中我的名字列在第一，最后一位是我们德高望重的戴老——戴念慈先生，编者犯了一个错误就是在名单前忘记说明“以姓氏笔划为序”，一时间弄得许多人关心白佐民是何许人。接着我被建工出版社聘为《建筑师》丛刊编委，在其后的20多年百余期刊物扉页的编委名单中我的名字又被反复列出。1988年由人民美术出版社、文物出版社和中国建筑工业出版社联合出版60卷《中国美术全集》，其中建筑艺术编六卷之一的《坛庙建筑》卷，建工出版社委托我同邵俊仪先生合作主编，出版后获建设部“全国优秀科技图书”一等奖。1998年由建工出版社编辑出版的五卷本《中国百名一级注册建筑师作品选》，我再次获得登场机会，被编入第一卷第四位，给了16个页码加以介绍。2003 年中国建筑工业出版社又为我出版了一本介绍我和我的创作集体的设计理念和创作实践的书，名为《建筑的意志》。中国建筑工业出版社给了我不止这么多的暴光机会，我只有努力工作为社会作出更大的贡献来加以报答，不可有半点懈怠。

大学里美好的经历令自己轻装走上专业之路

大学我就读于东北工学院建筑系，大学的二、三年级对于一个青年学生来讲正是被塑造及定型的关键时刻。这段时间里，在我身上发生过两件事，它的后续作用，就好像一辆车开始驶上快车道一样，我完美地完成了大学的学业，并顺利地走上了工作岗位。

1955 年下半年，东北工学院召开了首届学生科学讨论会，我在老师的指导下，结合二年级居住建筑设计原理的学习，选择了“住宅建筑系数 K3 的研究”课题，向大会提交了论文，提交论文的学生被批准为首届学生科学技术协会的会员。在会议期间，这些学生就像今日时髦词汇“精英”一样被全院师生所关注。科学讨论会上我的论文被评为一等奖，我感受到了什么叫“鼓舞”的滋味，我拿着奖金首先去买了一本头一年创刊的《建筑学报》第一期，我很是自豪，接着补购了当年的学报，自此以后这种从学术上表明对专业的热爱的情怀始终未变，直至今日，学报是我每年必购的刊物。从学生时代被引导进入科学研究的潮流开始，令我的科学思辩能力得到了不断的培养和提高，工作以后无论遇到什么事，都能比较顺利地找到切入点，并很快进入状态。1959 年为迎接建国十周年，作为献礼，建筑科学研究院主持编写“中国古代建筑史”、“中国近代建筑史”和“中国现代建筑史”，我有幸被调集北京香山参加“建筑三史”编写工作，并被分配到“中国现代建筑史”组，当时由陈从周先生任组长，我被指定首先起草编辑大纲第一稿。1960 年我被借调到建筑科学研究院历史理论研究室，参加“故宫建筑研究小组”。单老——单士元先生担任组长，我辅助他的工作，任副组长。1961 年重庆建筑工程学院因开设新专业的需要将我调回编写“中外城市建设史”讲义并开新课，当年晋升讲师。这一切都是得益于在大学读书期间开始对科学研究方法和精神的培养和锻炼。

第二件事是发生在大学三年级，1956 年全国七个建筑院校学生作业联展。当年建筑系的学生首先希望自己的作业有机会入选，接着就是希望尽快能看到这个展览。老师告诉我有一组我的留系作业决定选送全国联展，其中有一年级的“沈阳鲁迅公园大门设计”、“沈阳故宫殿宇测绘”和三年级的“工人疗养院建筑设计”。28年后在一次全国性学术活动期间我同清华大学建筑系郭黛姮老师相遇，她突然问起我“你是清华哪届毕业的？”，我说“我是东北工学院建筑系的”，她说“那怎么会在我们系陈列室里曾经看到你的设计作业呢？”当时我们共同想起了1956年“全国七院校建筑系学生作业联展”这件事。这说明那次展览，在我们学生中还是有相当影响的。想当年我得知自己的留系作业有三件入选展览，心里特别高兴，但表现得却十分冷静，不曾向周围的同学有什么声张，只是在内心里大声地告诉自己“我的专业选对了”，更加激励自己“要继续努力，取得更好的成绩”。

大学中的这两件事至今想起来，都感到它对青年学生的成长具有无比巨大的激励作用。后来在我担任建筑系主任以及担任《建筑师》编委期间，对于举行学生设计竞赛或论文竞赛，我都特别热衷和大力支持，也支持我们系由学生主持编辑的《建卒》杂志的出版工作。青年学生只要通过自己的努力并取得了成绩，又得到客观的肯定，都会不断激励自己踏上更美好的前程。听说现在四十多岁已有一定知名度的建筑师，好像多数人都在学生时代有过获奖的经历。可见我们应该非常重视对青年学生的有效扶持和帮助，提供可以让他们尽情展示自己的平台，从而让他们有更多的人成才。

对视觉分析与几何美学的探索令自己设计思维更为严谨

由于我在大学时就参加了学生科学技术协会这样的组织，大大提升了自己在逻辑思维上的锻炼，因此在专业素养的提高上，会比较注意查阅国内外图书资料，按既定的目标积累相关资料，令自己的理性思维有更进一步的扩展，解决问题的能力也有所提升。

从学生时代一直到工作期间，我一直对建筑的视觉分析和建筑的几何美学特别热爱。我在自己的设计中不断给予应用，又在研究中使其不断得到深化，因此设计与研究成果的质量水平也都在不断提升。

1957年正在进行毕业设计期间，同班同学高松亭邀我和他一起参加广州烈士陵园纪念碑的设计竞赛，我担任了纪念碑的高度和各部比例确定的视觉分析工作。

1963年我国组织古巴吉隆滩胜利纪念碑国际设计竞赛的国内选拔赛，

重庆建筑工程学院以芦小荻为首组成设计小组完成了设计方案，并被选为出国参赛方案。设计中我担任了视觉分析工作，为广场、阅兵道、纪念碑以及其附属的主题性雕塑的空间关系、尺度和各部高度数据的确定作出了科学的分析。

1964 年我完成了“建筑规划设计中的视觉分析”论文，发表在建筑科学研究院资料汇编的第二辑上。其后数年由建筑学报主编张祖刚推荐正式发表在 1979 年《建筑学报》第三期上，论文经加工补充题目修改为“视觉分析在建筑创作中的应用”。

1980 年重庆建筑工程学院决定修建第一综合教学大楼，由我担任首席建筑师，领导设计组进行方案设计。场地两侧原有建筑既不平行也不对称，此时新建教学楼只有采用几何美学中的“群化原理”，令新建教学楼同其中一幢原有建筑形成垂直和平行的有机关系，才有利于创造一个完整的建筑群体。同时将新教学楼东端阶梯教室外墙面设计成折面，令其中一段同其左侧的建筑形成平行关系，从而令这组建筑的相互关系达到顺畅和谐。

1983 年配合雕塑家叶毓山和江碧波的重庆歌乐山烈士群雕创作，由我

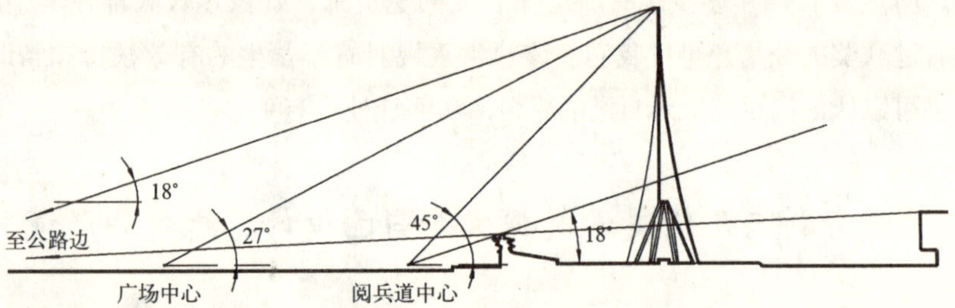

古巴吉隆滩胜利纪念碑国际设计竞赛设计方案——视觉分析（1963 年）

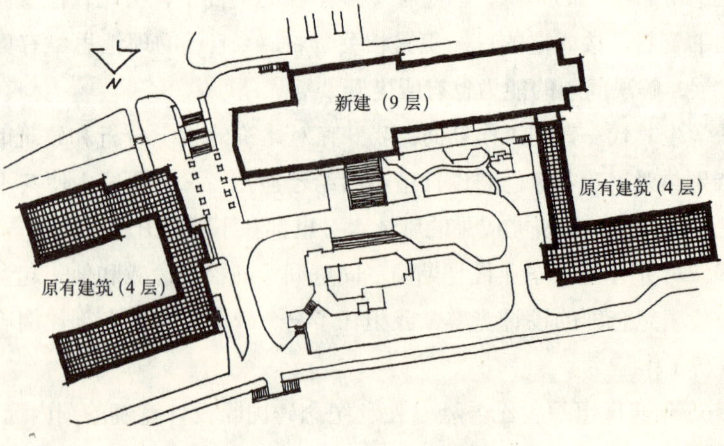

重庆建筑工程学院第一综合教学大楼总平面布局（1980 年）

对烈士墓群雕纪念碑工程建设进行了视觉分析和总平面规划，为群雕纪念碑的定位和高度的确定进行了设计。

中国古代建筑群从建筑艺术上来讲，其宏伟与精美是无与伦比的，我曾确信他们在视觉关系上一定有着惊人的规律。我在多年观察分析与积累的成果中，发现了许多精彩的片段，在1964年和1979年的两篇论文中有些披露。1984年我将“我的发现”加以归纳，以“中国古代建筑对视觉效果的探求”为题，发表在《美术史论》季刊第二辑上。其中关于北京天坛祈年殿建筑群，我发现祈年殿高度三倍视距的视点位置是在祈年门的中心；高度两倍视距的视点是在庭院两厢中心构成的东西轴线与中心主轴的交叉点上；高度一倍视距的视点在祈年殿第三层圆形平台的台面边缘。上述的三个视点位置的视高是不同的，而且三个视点之间距离也不在一个比例等级内，这就更加显示中国古代“建筑大师”在视觉效果的探求上是绝对精道的。同样在研究北京故宫太和殿建筑群空间关系时，我发现太和殿前庭东侧的体仁阁和西侧弘仪阁形成的东西轴线同太和殿南北轴线的交叉点恰恰是太和殿高度三倍视距的视点，这一视点又恰恰是观赏太和殿54°水平视野的最佳视点。由此点观赏太和殿我又发现做了推山处理的太和殿正脊，其长度的透视效果在太和殿前檐口的投影位置，将其反过来对应太和殿正脊，恰恰等于不做推山的长度。由此证明太和殿屋面做推山处理是为了给正脊做视差校正，以求达到建筑造型的恢弘气度。否则在透视条件下屋面不做推山处理，由于正脊变短，会感觉太和殿的造型过于拘谨。前面的陈述我三次使用了“我发现”，其实我并不追求社会以及业内人士的承认，如果我有什么发现我更在意我的研究成果修炼了我严谨的设计理念。熟悉我的人都常常会说“白先生设计的建筑特别注意空间关系的逻辑和体量关系上良好的比例和尺度”。

1986年中华全国美学学会技术美学分会决定召开首届学术讨论会，我为这次会议写出了一篇论文，即“几何美与建筑艺术”，列举了一批国内外关于建筑几何美的研究成果。运用几何美学来研究建筑形式美的问题，我并不是主张建筑师在进行创作时刻板去运用，去约束自己，而应在全面解决创作对象所面临的问题时，让几何美学寓于深思熟虑的建筑创作之中。海口市中心地区有一块建设用地，面积不大而且形状不规则，1992年要建设“东湖大厦”，包括一栋18层酒店建筑和一栋32层商住两用公寓，整个用地面积可以有60%用于建设3层商业铺面。开发强度如此之大，建筑布

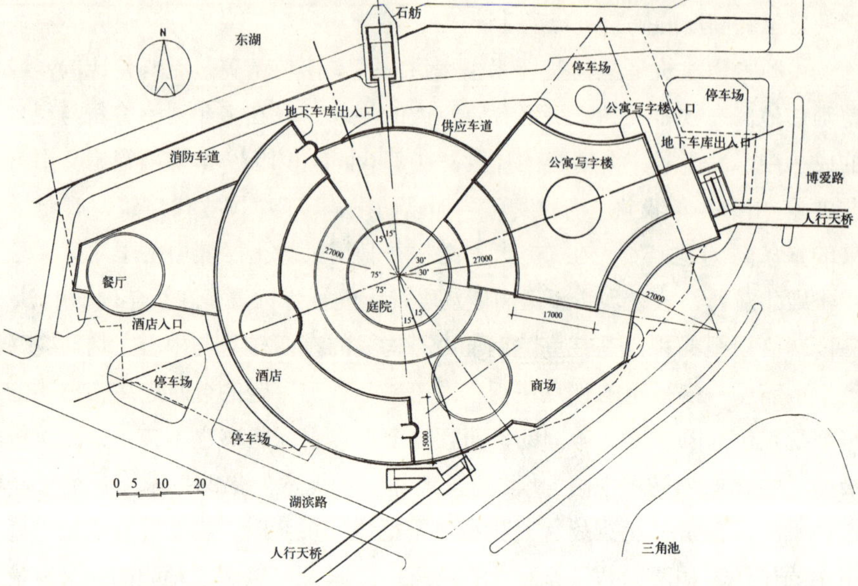

海口市东湖大厦总体布局几何关系（1992年）

局必须十分紧凑，因此只有采取互为依托的相互有机咬合的关系来进行规划。经再三思考，最后选用54米直径内空的圆形边界将两栋高层限定在左右。以27米半径将18层板式弧形酒店楼宇控制在150°水平角内。相对位置的60°角留给32层公寓建筑，该公寓建筑平面以71米边长的等边三角形并用27米半径切去三个锐角。两高层建筑之间所剩夹角各75°，令建筑空间疏密得当。方案征集后，海口进入房地产泡沫时期，项目不了了之，至今用地空着，也罢，东湖空间敞开了。

2001年在进行北京高级人民法院雁栖湖培训中心的设计项目设计投标时，我首先确认地处北京郊区风景区旁边的建设用地，建设房屋在层数上应加以控制，布局上应适当松散，以便同风景区的格调相统一，而作为法院系统的建筑应在自由中表现出足够的严谨。在这样一些思想指导下，我在研究用地现状图时，发现可供布置建筑的用地有一个明显的扇形地块，在深入分析后，这个扇形似乎存在一个150米的半径，通过其圆心垂直外围城市道路指向扇形之后再向用地纵深延长，似乎又控制着一块可以用于建设的矩形地块。矩形同扇形相叠加就有一个指向圆心的轴线存在，此时建筑的布局已经可以朦胧地看得见了。培训中心的主体建筑布置在矩形地块，左右15°（一南一北）各布置一栋培训中心的建筑副体，整个建筑群在

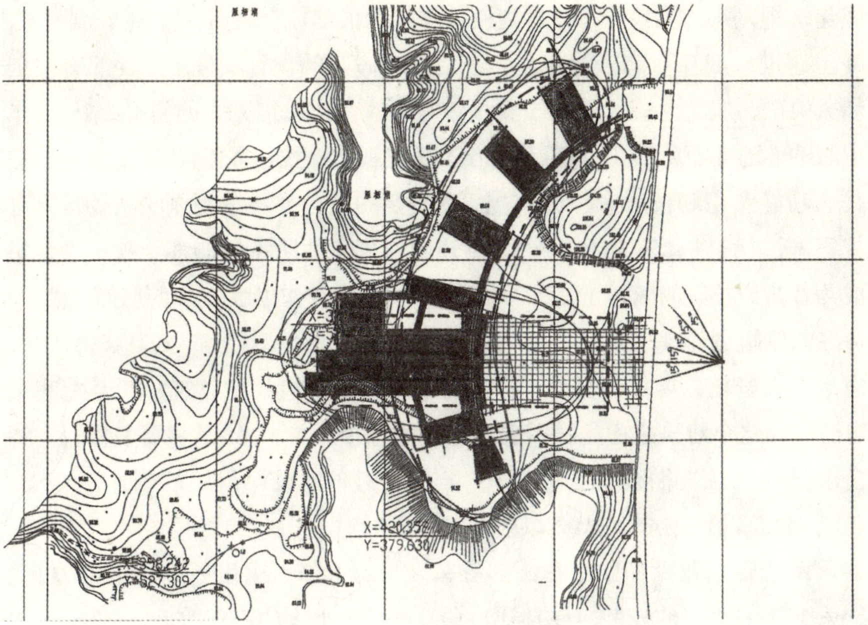

北京高级人民法院雁栖湖培训中心总平面（2001 年）

150 米半径统领下，继续向北沿弧线再以三个 15° 布置三栋宿舍楼，一个既分散又统一的培训中心建筑群跃然纸上。我的方案中了标，设计也非常顺利，第二年投入使用。

创造性思维方式的研究令自己的设计更易胜出

1987 年我结束了系主任的工作后，正值海南筹备建省，重庆建筑工程学院决定在海南成立一个设计机构，作为研究生教学和生产实践的基地，1988 年我就带领我所指导的硕士研究生到海南开始创业。1995 年配合海南省建设厅创建民营设计企业的工作，我担当了试水者，开办了海南省甲级的白佐民建筑设计事务所，几年下来小有成绩。到 1999 年又同两个建设部乙级设计事务所合作成立了建设部甲级的海南华磊建筑设计咨询有限公司。

1995 年我年满 60 岁，从那时起我完全放弃了教学工作，研究生也不再指导，可以全心全意把精力放在建筑创作上。我是一个喜欢自己动手亲自调理方案的人，作为总建筑师我主持、组织或指导设计，应该是我应尽的义务，不会挂名称其为自己的作品；只有方案由我构思由我深入推敲，并一步步达到成熟的项目，我才可以坦然称它为自己的作品。现在我更热衷于建筑规划与方案设计，一拿到设计委托，情绪就会雀跃，立刻摩拳擦掌，并迅速进入战斗状态。近十几年来我比较满意的设计项目，多数都有些创新或突破，我想它应该得益于我多年对建筑创作思维方式的研究。1988 年出版的《建筑师》第 30 期我所写出的“在制约中找寻客体自我”，表明：在具有功能意识和技术意识的前提下，重要的是会寻找客观制约条件，只有找得准，找得全，就可以说你已经开始摸到了你所设计的那个建筑“要想成为什么样子”的脉搏了。2003 年我同纵卫忠合作出版的以《建筑的意志》命名的建筑创作理念与实践的书，主要总结了一个建筑设计要想获得成功，应把它人格化，要像尊重人一样去理解和尊重所设计的建筑，甚至把我们自己融入这个建筑之中，发挥情感体验的作用，去了解它“将要怎样”、“将会怎样”以及“将能怎样”。2004 年在海南省建设厅组织的创作论坛上，我以“建筑设计创造性思维”为题，作了专题报告。

设计要想在投标中中标，那就需要设计人努力运用创造性思维方式，给思维插上联想的翅膀，而且还应给自己一个更大的心理空间。1998 年北京华源集团在海南一处海滨拟建一座滨海温泉疗养中心，在这个项目的设计投标中，我的方案中标并获得设计权。回想起这个设计所以能够中标，确实有几点能够打动人的地方。首先在总体布局上既考虑到北侧的大海，又考虑到了东侧新市中心“不夜城广场”的存在。我的设计方案在概念性构思中就明确画出不同的曲线：一个大曲线表明将来的建筑群应“向自由奔放的大海无限敞开自己的胸怀”，另外又画出既“拥抱海洋”，又“拥抱城市、拥抱不夜城广场”的 S 形曲线，这就为成功的总体布局打下了良好的基础。评委在评语中指出：“在总体布局上这是惟一一个既考虑了同大海的

左下：华源集团海口温泉疗养中心设计中标模型（1998 年）

右下：华源温泉疗养中心中标方案总体布局概念性构思（1998 年）

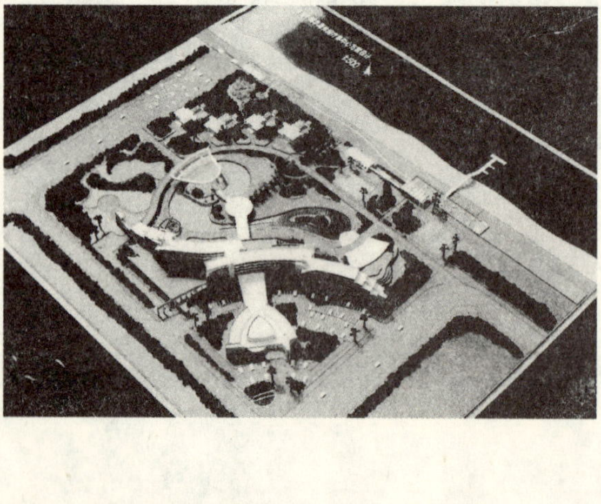

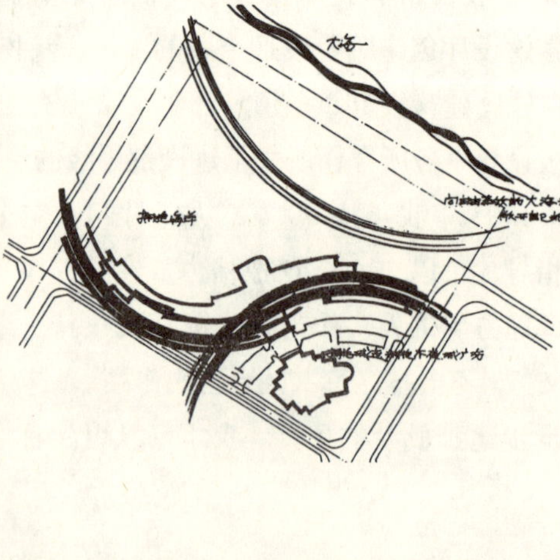

关系，同时又考虑了同城市关系的设计方案”。有些设计单位认为自己是受到建设方的误导，因为建设单位针对海滨疗养院，要求大家一定要注意处理好建筑同大海的关系。但是你的设计方案不去研究和处理建筑同城市的关系，只能责怪自己了。其二是在建筑造型上，我考虑到它的形象应能给人一种信心和力量，因此我选择了正反曲线的平面形态，使建筑给人一种既自由又舒展开朗的精神感受；同时它又有足够的张力，就如同大海的波浪一样生机盎然，我相信它会给疗养者一种健康的信心和力量。第三点就是我在设计中首先排除了对某种疾病的疗养功能，而明确为亚健康人群提供服务的疗养建筑，这样就可以使这座处于城市旅游区的建筑不被“隔离”或排斥。然后在功能上加强提供建立健康档案和疾病排查的作业，从而可以维系客源一年周期的往复。在休闲体育安排上与度假村不同，这里主要提供“扫盲”和初级培训，以便使亚健康人群消除心理障碍，促其融入健康人群的大社会中。我的设计方案从总体布局到建筑造型以及功能开发都有同评委发生共鸣之处，因此这个方案在一片赞扬声中中标。但好景不长，建设方接受策划公司的建议，放弃疗养院的修建，而转为建设一座欧式风格的无星级又要胜过星级的产权酒店建筑。作为设计单位只有认真提供服务，不久一群精美的建筑亮相。此时引起美国假日酒店集团的注意，建设方又接受了他们的建议，由我们同假日集团的技术人员合作将这座建筑改建成超五星级的皇冠假日滨海温泉酒店。一位肯定我们设计的人讲：“公主是天生的，不是后天培养出来的。”但无论怎样，我从学术上不想评价这座产权酒店之后的设计。

在承担一个项目设计时有许多地方都需要我们用心去经营，比如当我们在研究客观制约条件时，那些“应该”的地方，我们就“必须”把它处理好，那些“不许”的地方就不能越雷池一步，有些原始条件存在“遗憾”的地方，我们就不要掉以轻心，不要回避而应加以“转化”，如果这些你都很用心去对待了，那么中标的加分因素也就都掌握在你的手中。2001 年参加北京高级人民法院雁栖湖培训中心的设计，我的设计方案就是这样高票中标。这里是风景区，有人把培训中心的主体建筑设计成高层建筑，那肯定是自杀；有人虽然选择了低层，但却选择了爬山式样，砍掉湖滨山坡上的树木，风景区不看山水而看法院的建筑，那肯定也是跨越了雷池。我的方案把建筑全部控制在已平整的地段内和以雁栖湖为基点的风景轮廓线下，建筑布局又考虑到法院建筑文化特色，同时又发现了用地潜在的几何形态，如同我

北京高级人民法院雁栖湖培训中心中标方案效果图（2001年）

在前面一节所陈述的用150米半径加上多个15°角来分布主体和副体建筑项目，形成既分散又有规则的良好布局。在这个项目的规划设计中我把用地低于城市道路3～4米的“遗憾”摆在桌面上并找出弥补的办法，决定将主体建筑的二层标高定为正负零零，从城市道路向主体建筑修建一个人造广场，供人车交通进出，广场下建成半开敞的停车场。现在看来真正“遗憾”的是其他投标方案均对场地低于城市道路3～4米的问题视而不见，我的设计方案主动解决了这个问题，这一点令建设方和评审委员佩服。从这次设计投标的成败中，我们可以深刻领会创造性思维的独立性和批判性是完全共生的，建筑师不可固执己见，要多方位多角度审视自己的每个决策。

有许多工程项目组织设计招投标是因为他们的工程项目遇到了难于解决的问题，想通过招投标找到能解决问题的好方案。这时如果你决定参加投标，那么你就必须以“困难”或“问题”作为靶子，努力去找出有效的对策。你应该相信“困难”或“问题”解决之时，就是一个令人信服的、甚至令人赞叹的方案诞生之日。2003年广西柳州市博物馆改扩建工程，是由于修建新的大型市中心广场，拆迁其他建筑后，原市科技展览馆被暴露在新市中心广场东侧，市博物馆接收了这座建筑，并决定加建一座3层的文物库房，通过改扩建，令新的博物馆成为能同广场对面市文化活动中心相匹配，又要求变成新市中心广场的标志性建筑。第一轮征集设计方案，没有一个方案敢把新建的文物库房摆在广场边，而是采取贴建的方式把它放在建筑的背后或侧面，并且没有解决同市文化活动中心建筑相匹配的问题。我得到邀请参加第二轮投标，我把修建文物库房必须设法摆在市中心广场边上作为前提，不回避困难，并把该建筑最后能够成为市一级的标志性建筑也作为基本目标。这两个目标确定之后，创作思维就可以进入决策学的“问题——展开——对策”的程序了。看来实现第一个目标仅仅按常规思维已经无

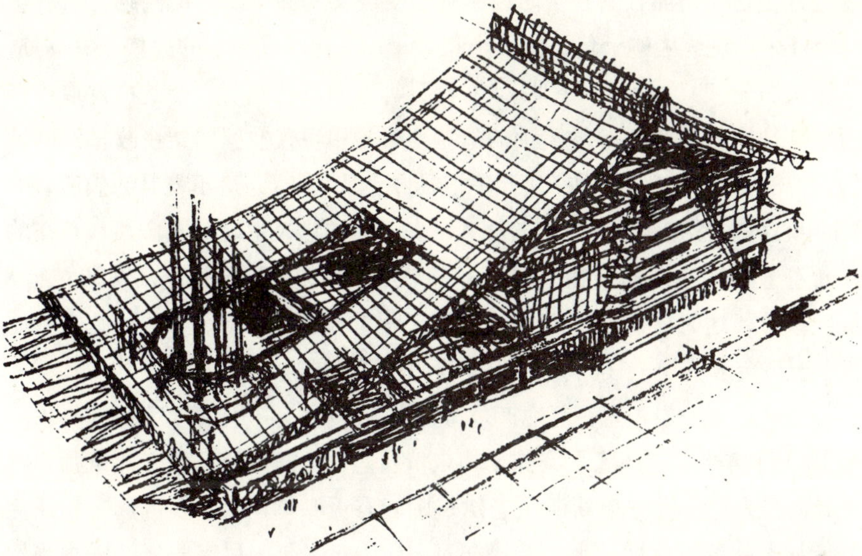

柳州市博物馆改扩建设计方案草图（2003年）

广西柳州市博物馆改扩建方案效果图（2003年）

计可施了，必须把思路展开，你怕3层库房摆在大面上不好看，那么我就把它的两层的面积展开铺在地下，把一层面积留在北端的地上，使改建后的建筑平面同对面文化中心的平面一样长，完成建3层库房的目标。但为整合建筑形象，还应有一个大胆的处理，就是从展览馆的主体建筑向库房的屋顶建一个二层平台广场，前后再以室外梯步登临，这一处理不仅将原主楼同扩建的库房构成一个有机整体，解决了博物馆进出人流不再直接由广场边道上进出，而且解决了博物馆首层变成文物商店的分流问题。实现第二个目标，我是从整个建筑体量上相对于市文化活动中心的规模上动脑筋，并且从"历史"、"文化"特别从"文物"等方向寻找素材，于是决定取广西山地坡地民居建筑不等坡屋顶的造型要素，用现代空间网架在改扩建的博物馆上部腾空飞架。草图一出几乎把我自己都震惊了，这不就是我们所要的"市中心标志性建筑吗？"接着深入下去，再在建筑中段引入广西八角楼的片断符号表明建筑的文物主题，再在二层广场的北端穿过空间网架立起8根纪事桩，这时广西柳州博物馆扩建工程的设计方案就形成了。在方案汇报会上与会者都说："这个方案正是我们所期待的"。

万勃投资公司和东锣岛地产公司合作于2006年在海南省三亚市开发一个13万平方米的老年人居家养老的亲情社区，他们要找一位老建筑师担纲设计，因为对这样一个新课题老建筑师能有更深刻体会，我被选上担任这个设计委托的首席建筑师。我已年过七旬，对老年人居家养老的需求当然会有许多切身的体会。一个居家养老的社区，对"老有所养"应该给予哪些保障，对"老有所医"应该做到些什么，对"老有所学"应该安排些什么，对"老有所用"应该给予哪些支持，对"老有所乐"应该满足些什么，我们结合国内外的经验，通过创作集体的通力合作，加上我运用老年人特有的情感体验，把这个社区真正当成自己的"家"来加以思索。我们确信在海南省三亚市建设的"清平乐"亲情社区，一定能够成为一个老年人居家

海南三亚市清平乐老年亲情社区沿街效果图（2006年）

养老的成功社区。这个项目2007年元月已经开盘，从公众的反映来看，我们的设计有以下几点是被大家看好的：首先，在缺水的三亚市，我们将相依的南丁山雨水从技术上加以截留，供社区景观水系使用。实际是恢复生态，因为在用地上原来就有大小水塘六处。重要的是实现了人们对“靠山而居”、“傍水而息”的人居环境的追求。其次，将整个人居环境设计成一个耐人寻味的大花园，供居住者在生态环境下有丰富的活动方式和活动空间的自由选择。再次，整个社区在保证消防以及救护的要求前提下，日常对人车做到了良好的分流，可以确保老年人及儿童的安全和安宁。第四，充分利用热带地区的气侯条件，将公寓楼宇的底层全部架空4.2米，以“泛会所”的概念和非营利性质为居住者提供全方位的公共活动的空间。第五，全部公寓楼宇在每一层，都开辟一处“公共敞厅”，供大家种花养鸟、休息娱乐、静养及交往等以增强邻里的和谐和亲善。第六，社区的建设重视了节能环保和现代技术的引入。雨水作为景观用水，中水作为绿化用水，太阳能作为公共环境照明的电源，家用热水为公共太阳能系统，每一户均装置了新风换气系统。这些措施使老年人感受到与时代同步，仅从精神层面这一点来讲也是很重要的。现在这个工程项目已由中国老年学学会命名为“老年住宅产业研究示范基地”。这个项目的设计我们可以总结一条经验，那就是在探索一个未知领域时，就需要我们充分运用发散思维的方法，思维既要纵深发展还要向横向展开，而且还应同自己的情感体验相融合，你定会有新的发现和新的创造。

建筑师需要创造性思维，建筑师的创造性思维过程是一种充满灵气、激情和魅力的劳动。创造性思维是在社会实践的需要所产生的目标指导下，以一定的心理结构为基础，“创造性的思维过程必然包含着直觉的洞察和灵感的迸发、想像的发挥与模型的构想、类比的跨接与思路的外推、归纳的概括与假设的试探、演绎的联接与溯因的沟通、分析的还原与综合的归纳、反馈的利用与控制的运筹等等，最后通过不断地试错与逼近，形成新的概念框架和理论体系”（引自陕西人民出版社出版，崔义中著《创意学》第13页）。建筑师确实需要下些功夫去学习和实践创造性的思维方式，努力扩展我们的思维视角，激发我们思维的潜能。

从建筑创作角度讲，我热爱建筑设计工作，有人说你这把年纪还拼什么，我说我很陶醉。我总有一种感觉，设计过程令我享受丰富多彩的人生，看到美好和谐的世界。有时感觉它像一个舞台，有时感觉它是一个梦幻的天堂，

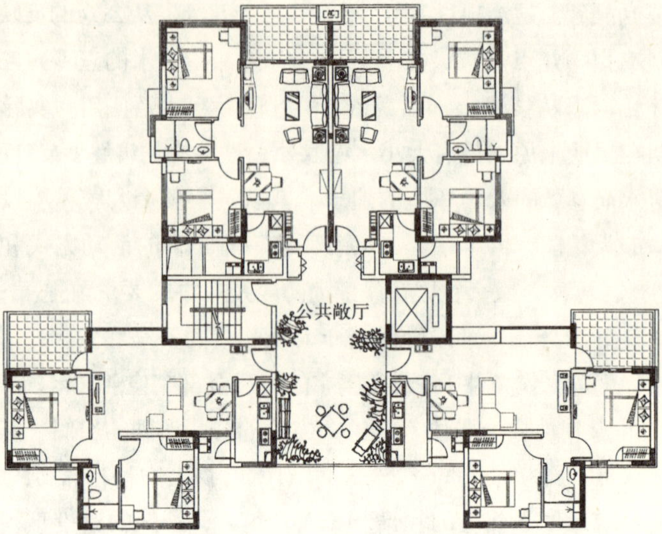

海南三亚市清平乐老年亲情社区公寓楼标准层平面

海南三亚市清平乐老年亲情社区庭院模型（2006 年）

色彩斑斓。在设计过程中每跨过一道坎，就会获得无比的欣慰，就像眼前打开一道道大门，并看到一道道美丽的曙光。我享受设计过程，也享受设计的成果，我曾经讲过：不敢欣赏自己设计的建筑，就没有资格称它为作品。我相信每一个敬业的建筑师都有机会获得这份回报，只要自己付出了努力。

（本文作者为海南华磊建筑设计咨询有限公司总建筑师）

理想主义之梦

汤 桦

1959 年生，1982 年毕业于重庆建筑工程学院建筑系，1986 年获硕士学位。重庆大学建筑城市规划学院教授，硕士研究生导师，国家一级注册建筑师。现任深圳市城市规划委员会建筑与环境艺术委员会委员、《A+D》编委、《建筑师》编委等职，汤桦建筑师事务所总建筑师。发表多篇学术论文，荣获多项国内外设计大奖，并参加多次国内外建筑展。

一个幽灵，一个理想主义的幽灵始终在我的心中徘徊。

多少年以后，仍然记得当我第一次在大学图书馆看到一幅名为《街道的神秘与忧郁》(*Mystery andnelancholy of a Street*) 的绘画时所能感受到的冲击和震荡。作者叫契里柯 (Giorgio de Chirico)，一个意大利人。画面之于我就像恍如隔世的遥远的风景，亦如显现于现实的流行话语所罕有表达的某种意象。

同样多少年以后，同样清晰地记得当我第一次在大学图书馆充满书籍的霉味的书库里，读到密斯 · 凡 · 德 · 罗 (Mies Van Der Rohe)，读到勒 · 柯布西耶 (Le Corbusier)，读到路易斯 · 康 (Louis I Kahn)，读到约翰 · 海杜克 (John Hejduk) 时的激动和感动。

也许，在二三十年前的那个时刻，唯美的理想主义精神就以两种不同的形式占据了我的内心世界。

后来本科毕业，留校，教书，考研究生，再留校，教书。

在学校教书的日子里，也做设计，也就面对了市场。

当刚从学校毕业面对甲方时，感到了现实的落差和手足无措。学生时代的理想主义显得十分脆弱。好在毕竟是在学校，毕竟大学还算是相对而言的象牙塔，毕竟是业余状态做设计，并不完全靠设计吃饭，因此也就成就了隐隐失落的清高。

后来有一天，几位从美国匡溪来的年轻人为我们介绍了丹尼尔·里勃斯金（Daniel Libeskind），讲到威尼斯双年展，讲到里勃斯金的“记忆机器”、“阅读机器”和“书写机器”。尤其是“记忆机器”令人难忘，一下就使我想到了阿根廷作家博尔赫斯（Jorge Luis Borges）的神奇的文字迷宫。

我迷上了图面建筑学，这是我内心理想主义精神的第一种形式。

建筑学创造图像，图像拼合着我们的记忆。

一个以图面来建构的建筑学似乎是一种唯美主义的呓语。但是，在相当程度上，我们所真正想要表达的很多东西都在图像中得以留存。

可能有两种建筑的图像，一种是表现性的和说明性的（如通常的表现图和透视图）。另一种是独立文本式的。前者依赖于实体的最终实现，是建筑完成之前的预演。后者无需更多的东西，而仅仅建立于图面和想像之中，并以此作为最终的存在方式，以表达思想所能企及的高度。

约翰·海杜克将此类图像演绎至一个里程碑式的高度。在他每一个图面建筑中，都以一种独立文本的方式向我们展示某种极端状态所刻划的建筑意象。

A·Brodsky & I·Utikin，来自苏维埃联盟的建筑师，在图面上为我们建立了一个充满理想主义色彩的王国。在其中，建筑师的知识分子的立场通过其特有的表现方式和绘画语言得以充分表现。更重要的是，绘画本身的完整性和独立的文本性已经使其脱离了房子的建造，而这种特质也就是图面建筑学（Paper Architecture）的最核心的内容。

正轴测立体图是一个特别建筑的绘画类型，这种图画在专业层面上建立了一个技术壁垒，也就是在公众与建筑师之间设置了一个距离，同时也就设立了一个阅读的基准。通过其专业范围的解释和非专业人士的误读，图面建筑在一个理性的机器美学或机械制图的风格化的图像中，流露出冷峻和出世的基调。

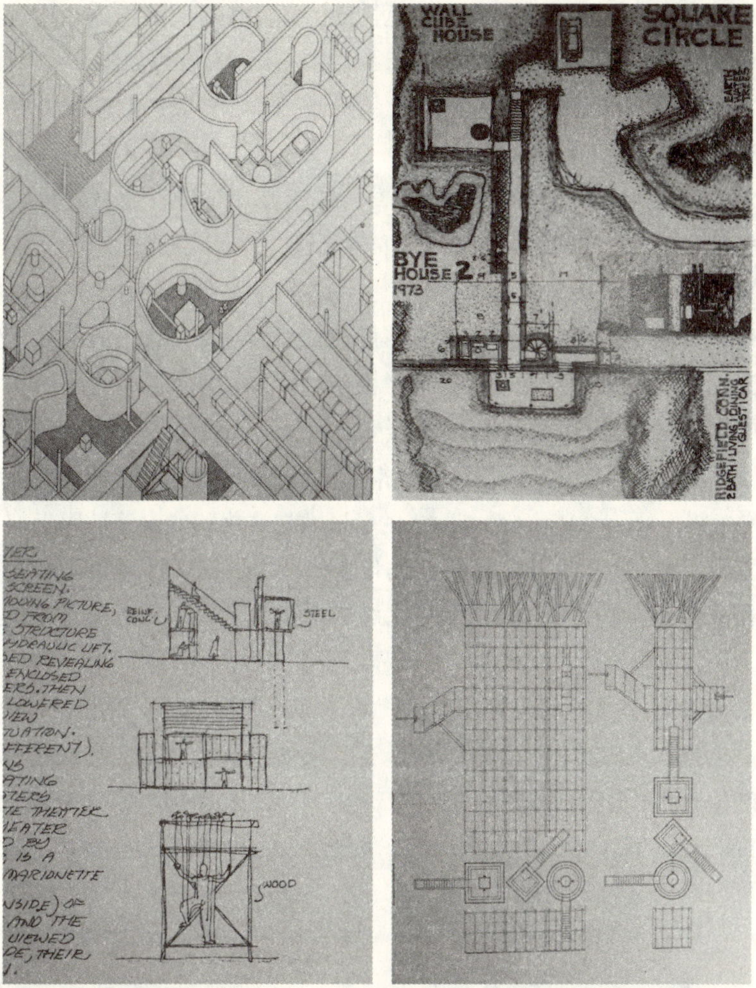

海杜克的“独立文本式”建筑表现图

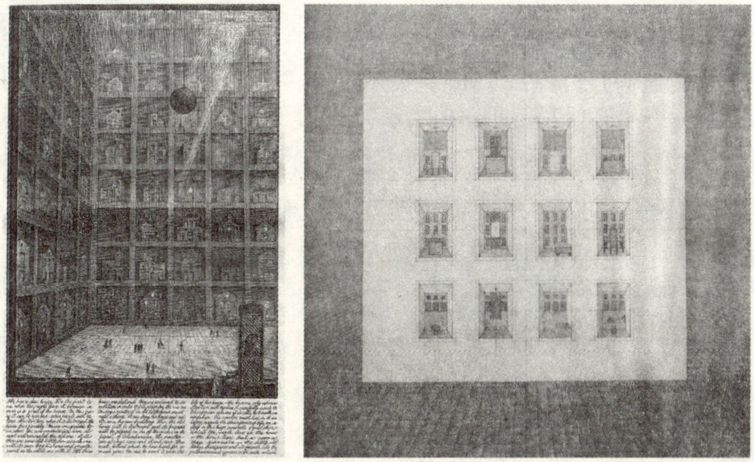

Brodsky & I·Utikin 的作品

这也许是我所理想的图面建筑学，也寄托着深藏于内心的对建筑学的最后一片净土的无限的珍惜。这种情绪在很多时候都如同一种旷世的美景，在我们麻木于太多的商业化操作的时候，升华着我们的精神世界和我们彼岸的建筑。

1981年第一期《建筑学报》，时任西南建筑设计院总建筑师徐尚志先生发表了“建筑风格来自民间”的学术论文，明确指出民居之于建筑创作的重要意义。他认为民居中表现出来的“民族特点和地方特点，都是经过当地人民在长期生活实践中逐步形成的。因而它最符合当地的实际情况，有无可非议的适用性和经济价值。由于它们都经过了长期的锤炼和实际生活的考验，建筑风格上也是比较成熟的。”他认为民间有取之不尽的创作源泉，民间建筑“有着像从地里生长出来的”真实性和自然感。其后，阿莫斯·拉普卜特（Amos Rapoport）：《住屋形式与文化》的专著被同学们从图书馆发现，竞相复印，爱不释手。当年夏天，同学杨鹰告诉我和刘家琨，说是在成都附近刚发现了一个保存完好的古镇，于是在暑假三人从成都骑自行车，沿乡间公路，颠簸泥泞，行程二十多公里，终至目的地。果然是青石铺地，古树参天，木构青瓦，河流清澈，民风淳朴。一番感慨，流连忘返，抄绘记录，走访询问。这就是现在已成为旅游胜地的古镇黄龙溪。接下来的日子里，重庆市内瓷器口、临江门、望龙门、菜园坝等具有历史价值和风貌的地段都印满了我们的足迹。那些年，乡土建筑成了我课程以外的重要研究对象和最为神往的领域。

于是，在1985的夏天，我由重庆出发，进行了一次以学术为理由的“寻根之旅”。南下贵州，经广西至海南。然后沿东部海岸线北上，过江浙上海到达北京。继而从北京西出河北山西进内蒙古自治区，在呼和浩特离开铁路线，沿古长城遗迹漫游西部，历时两个月时间，直至新疆边陲。最难忘雄关漫道，大漠孤烟。山川浑厚壮丽，民风古朴纯真，风景真实而浪漫。记得在嘉峪关独自漫游，戈壁滩一望无边，直达天际。嘉峪关沧桑的城楼屹立在远方，吐着浓烟的蒸汽火车轰然而过；遥远的地平线上，是万里晴空和祁连山耀眼的雪峰。突然之间，心潮涌动，热泪盈眶。大地的魅力，土地的魅力，人与自然的魅力，在这个伟大的空间之中表露无遗。

于是，西部，民居与乡土的西部，就成为我内心理想主义精神的第二种形式。

西行在我的心中刻下的不可磨灭的印迹，成为可以享用一生的精神财

川北民居

川藏民居

富，同时也为心中的理想主义建立起冲天的丰碑。在漫游的经历中，传统建筑所表现的理想主义色彩令人难以忘怀。遍布大地的民居是这个意义上的一个最为动人的例子。

“在很多传统文化里,新奇既不被讴歌,也引不起欲望”(注:阿莫斯·拉普卜特:《住屋形式与文化》)。这种后锋的立场无异于道家的积极的消极主义。它是包含着每个人的梦想的文化的共享，同时也是对于平静愉快的生活本质的共享。乡土的基本生活态度尽在于此。这种态度在全球化的语境中成为极不和谐的大多数，也是没有话语权的大多数。暂且不讨论这种表面上的消极意义，我们可以看到其中所蕴涵的一种对于生命和自然的本质上的积极姿态，以及它所承载的关于宇宙图案的理想主义臆想。它鼓励并因循一种单纯的模式，以整体来完成对于生活的复杂解答，从而构筑了一种净化了的哲学框架。在建筑艺术上体现出个体的忍让与群体的丰富和辉煌。它发生于随机性之中而又被平淡所笼罩，并在相互的微妙关系之间升华为生活和人的精神的形而上意象。

费孝通先生在《乡土中国》中写到:“从基层上看去,中国社会是乡土性的。我说中国社会的基层是乡土性的，那是因为我考虑到从这基层上曾长出一层比较上和乡土基层不完全相同的社会，而且在近百年来更在东西方接触边缘上发生了一种很特殊的社会……他们才是中国社会的基层。”由此，费孝通先生为我们描绘了一个文化的生态学图像，亦为文化沉淀过程的生动概括。西部作为国土的腹地，几乎囊括了民族文化的全部精粹。我们的历史、文化、传统和民俗共同编织成一个宏大的乡土意象，弥漫于西部的宽阔疆域，广袤而浓郁，深厚而细腻。乡土中国在历史的层面上代表着我们的血缘，

陈丹青－西藏组画

也代表着我们的精神家园，并且以无所不在的细节进行显现。这种渗透着古风遗韵的田园牧歌式的景观，在极端的意义上折射着隐藏于历代中国人心中的理想主义图像。这个图像颇具文人情怀，同时也由于沉淀于历史的时空维度的复杂性而呈现出多元化的式样。一如韩少功后现代主义的马桥和威廉·福克纳（William Faulkner）荒诞迷离的西部世界。

由于工作的原因，经常来往于深圳与重庆之间。两地的差异是显而易见的，也是十分珍贵的。当你往来于中国的东西部之间时，二者的价值由于对方的存在而得以彰显。

如果东部示我们以秀丽，西部则示我们以历史。如果东部教给我们技巧，西部则给我们以智慧。如果东部使我们激扬，西部则让我们沉思。

如果国家的东部在全球化的浪潮中可能会沦陷为西方中心主义的中国式拷贝和翻版，西部则在此成为了乡土的终极的载体和最后的守望者。

乡土是对差异性和特殊性的忠实的捍卫，也是对全球化的统一世界的沉默的抵抗。

乡土中国的意义存在于两个方面。一方面，它是以优秀的民族文化为载体的民间建筑遗产。随着时代的发展，生活方式、建造技术、建筑材料和大众趣味已经发生了很大的变化，它们作为人们的生活空间的作用已不复存在。而在当下仅具有审美和研究的意义。但它永远是我们悠久的传统，伟大而又崇高。它以形而上的方式存在于生活之外，是我们的精神财富和文化源泉。另一方面，乡土的更加重要的意义是对于现实的尊重与继承，而不仅仅是审美意义上的缅怀和娇情。真实的乡土并不是要简单地保持某种外在的城市或建筑的样式，而是在内部的发生机制上产生出适宜当代条件

的建筑形式和发展策略。它真实地反映当代的要求，对应经济技术的规律，表达社会和使用功能的基本诉求，传承当代历史的中国建筑文化。

西部包围了世界。理想包围了现实。

在世界高度物质化的今天，重提理想主义精神，对于建筑师的创作的意义是不言而喻的。前辈大师们的诸多立场，我们在不同的程度上都很难坚持。

当然，理想主义是脆弱的，容易受伤，令人怜爱。

但是，理想主义是我们心中的净土，就像图面建筑学是我们心中专业的净土，就像西部是我心中的精神故乡。它激励着我们去真实地生活，积极地生活。

一年前，从拉萨来的日桑活佛告诉我，青藏铁路将在2006年7月1日正式通车，如果要去西藏就得赶在这日子之前。我突然间想起陈丹青的西藏组画。这个几乎是26年前的关于西藏——这个中国最“西部”的地方——的米勒式的梦幻图像，会不会因为现代文明的侵入而消逝殆尽？

路德维西·维特根斯坦（Ludwig Wittgenstein）说过，语言的界限意味着一个人的世界的界限。当乡土建筑，也就是方言建筑（vernacular architecture），面对西方语言帝国主义的强权话语时，方言文化被压缩在一个孤岛式的界限之中。随着现代化进程的发展，西部的界限，或者说乡土的界限正渐渐地退向远方，消逝于天际。如果有一天当拉萨成为另一个高楼大厦林立的“世外深圳”之时，我们最后的精神家园将情系何方？

想起罗大佑的歌：

聪明的孩子，提着易碎的灯笼

孤独的孩子，你是造物的恩宠......

公元2007年4月30日于深圳天安数码城厂房

几点议论，一点儿感想

崔 恺

1957年生于北京，1984毕业于天津大学建筑系，获硕士学位。现为中国建筑设计研究院副院长、总建筑师，国家工程设计大师。曾获2007年“梁思成建筑奖”、“法国文学与艺术骑士勋章”、“全国优秀科技工作者”称号。设计作品多达数十项，包括北京外研社办公楼、拉萨火车站、首都博物馆、殷墟遗址博物馆等，并获得包括“亚建协金奖”、“国家优秀工程设计银奖”等许多设计奖。

今年我50岁整，已到知天命的时候了。算起来，一晃之间，在建筑设计行业里也忙碌了23年多。看看身边的年青人，他们把我当老大，可我觉得代沟虽然有，但好像还不太深。看看常常打交道的甲方，他们称我为大师，可我发现对自己尊敬有加的企业老板和政府领导们往往年龄比我还小。但每每见到尊师，心里还是紧张，当学生时的感觉仍然去不掉。

其实，步入中年的我的确还有一种学生的心态，一种求知和学习的心态。在实际工程的挑战中，在同行之间的交流中，在社会媒体的关注中，在自我反思的状态中，我深感文化根基之浅，理论学识之薄。于是在工程设计之余，在出差出国之中，在一天中几段比较清静的片刻，还是想读点儿书。虽然断断续续速度很慢，虽然拉拉杂杂不成系统，但多少有些收获，有些感想。所以，当杨永生先生向我约稿时，我自知勉为其难，与德高望重的前辈同仁不敢同台论道，但也想乘此机会把零零散散不成熟的想法整理一下，记述下来，其实这其中有些也不尽然是我个人的感悟，可能也代表了一部分同龄人的观点（不敢自诩代表）。许多人说建筑是石头的史书。对后人来讲，一两百年，三五百年之后，人们来考察今日的建筑势头会揣测今日之社会文化。而留传下去的书将更直接地记录今日建筑人的思考和观点，不管对与不对，它也是构成建筑历史的一点点文化沉淀。下面我就分三个小题，浅议近几年业界的热门话题，与前辈尊师之异同之处，也望指正，包涵为盼。

“美观还是文化”

“适用、经济，在可能的条件下注意美观”，是产生于20世纪50年代的国家建筑设计指导方针。几十年来对于我们国家的城乡建设标准起到了指导和控制的作用。改革开放以后，我国的经济有了突飞猛进的发展，全国城乡建设如火如荼，如今，注意美观的条件不仅可能了，而且远不止注意，甚至已经到了“不美”不行，不奇不行的地步，但是否适用，是否经济已经不是大家的关注焦点了。

前不久，建筑界又开始重提“适用、经济、美观”的方针，主要目的是要针对国家重大工程建设中的一些现象和问题展开讨论，非常必要。讨论引起了业界的热烈反响，许多人对建设方针也提出了不同的调整意见。一

大连软件公寓

种意见认为，时代变了，条件好了，应把“在可能的条件下……”取消。一种意见认为安全最重要，应在“适用、经济、美观”前面加上“安全”。而我个人也有一点儿不成熟的想法，就是对“美观”有点儿质疑。

追溯“美观”的起源，也许应算两千年前维特鲁威的《建筑十书》吧。在那个年代，建筑师和雕塑家几乎不分，建筑的美观都是靠精美的艺术雕塑和立面修饰来表达的。而如今，现代艺术早已脱离了古典美学的轨道，现代艺术作品更多强调观念性、批判性，在表达形式上往往不美，甚至很丑。对建筑来讲，自从现代主义建筑运动以后，对建筑的评价就逐渐从立面形式的美学转向了对建筑功能、空间、造型、技术、材料以及文化特色的综合性因素的评价；当代建筑的形式美学也不再是以比例、尺度、均衡、装饰等等作为标准了，混乱、碰撞、不完整等等生猛的特征倒成了许多国际名作的特点。可见用美观已无法涵盖或解释今天世界建筑的发展了。当然我并不是说中国建筑就一定要追随怪异的另类作品，也并不是说一般意义上的“美观”就完全抛开，毕竟对社会大众来说，“美观”还是比较容易理解的概念。

另外，我对“美观”提出质疑还基于实践当中的一些问题。比如，建筑作为大众艺术的一类，美观一词仁者见仁，智者见智。在南京古城边盖个美国国会的穹顶和柱廊，你说不应该，而业主觉得很美，全然不顾东西

殷墟博物馆

西昌文化中心

方文化的差异和地域文化的错位。再比如北京旧城改造中，你说老旧的四合院要保留，有价值，可决策者往往认为那堆破房子太破太丑，应该彻底推翻再做一片假古董，因为这样很美观。殊不知这些漂漂亮亮的假古董因为失去了时间在上面留下的痕迹，而完全失去了历史价值。城市也因为美观的目的而失去了记忆。由此可见，“美观”作为今天建筑设计指导方针的一部分，是有局限性的。

那么不用“美观”，用什么呢？我个人认为，在当今全球化浪潮的背景下，人们越来越关心自己的归属，越来越关注自己的地域性。在建筑界，尤其是发展中国家，更多地在讲地域文化。因此我以为用“文化”替代“美观”是可能的，对弘扬我们中国的建筑文化和传统有着积极的意义。

也许有人认为，一谈文化是不是意味着又要向后看，又要重新回到民族形式、传统风貌的老路子去？也会有人认为，文化的概念仅适用于那些文化建筑，而不适用于大量的住宅、办公和商业等等普通建筑。其实这牵涉到对文化的认识。我认为，文化固然是一个时代意识形态的总和，所以似乎只有过去了的时代，经过后人的总结梳理，文化的特征才能显现出来。但我们是不是也可以理解，文化是活的，是时时发生在我们身边的、不断变化和发展中的社会意识形态的体现，从社会生活的方方面面中反映出来。因此，我以为，谈文化，绝不仅仅局限在历史文化范畴，也不意味着一定与传统的和民族的形式有直接的联系，当然也不局限在所谓文化建筑的类型中。在商业、办公、居住、交通、体育娱乐等等类型的建筑中都可用文化的概念来分析和研究。这种大文化的概念更应关注本土的、当下的、具体的、鲜活的城市环境和城市生活中所传递出来的信息，更强调建筑对特定的自然环境抑或人工环境，对特定人群的行为意识和活动的方式作出回应，以这种文化的态度和立场创作出来的建筑，应该是扎根本土的、有明确地域性的、与环境和谐的、满足使用要求的、合乎逻辑的理性建筑。显然它同时排斥那些照搬照抄式的、没有地域特色的、与环境相冲突的、不反映当下真实生活逻辑的那些“古而西”、“古而中”（特定环境下的除外）、“西而新”（指追时髦的那一类）的东西，鼓励的当然是梁思成先生一直推崇的“中而新”。需要注明的是，这里的“中”，不是形式的概念而是指地域的文化概念，而“新”也不仅仅是形式的新颖，也应包括反映新的生活、面向新的追求、体现新的技术进步、创造新的审美等等内容。

好了，如果用这种文化的观念来评判建筑，美国的国会大厦再漂亮也不能搬到中国来（世界公园内可以）。历史建筑再破旧也不能一拆了之，旧貌换新颜要有严格的科学态度和技术规范；建筑方案的评选绝不应该是漂亮效果图的比赛，片面强调建筑形式美的评审方法必须停止，专家有责任引导领导和公众从环境的角度、从人文的角度、从技术创新的角度来阅读和评论建筑。

左下：拉萨火车站

右下：德胜尚城

最后，我斗胆抛砖引玉，把“适用、经济，在可能的条件下注意美观”，改为“适用、经济、反映时代的本土文化”。妥否？请大家批评。

“感性还是理性”

这几年在国家及各地大型公共建筑设计中，国外建筑师常常扮演着主角的角色。这一方面说明中国的建筑市场越来越开放，一方面也说明在这类大型复杂的建筑创作中，国外建筑师在技术实力和创作水平上还是有很大的优势。但是这种情况也引起了国内同行们的普遍担忧和反感，引起了中央领导和社会人士的普遍关注。尤其是当一些项目明显偏离了“适用、经济、在可能的条件下注意美观”的指导方针的时候，这种情绪马上就转变成一种激烈的批判和指责，甚至提到了意识形态的高度。

从感性上讲，作为建筑师，我也真希望这些咱们中国人自己花钱盖在咱们自己地面上的咱们自己的标志性建筑都由咱们自己设计是最好的。甚至所有的材料、设备都是国产的，所有的技术都是咱们自己原创的，那才叫地道呢！最牛的事儿还不仅如此，还要让外国人都来看，都来学，就像来看北京的故宫，来学中国的太极拳一样，那就真成了名副其实的中国原创，世界一流呢！会不会有这事儿呢？肯定会，中国人的智慧和决心不容怀疑，早晚有一天！但不是现在。其中理由我想大家也明白。从大背景讲，我们是发展中国家，工业化程度比西方发达国家相差不少于50年。虽然在某些领域我们也能领先，但总体来讲，尤其是相关建筑领域，我们应该承认在技术实力上还是薄弱的。再从背景讲，“文革”7年，高等教育停顿，建筑学专业也一度被取消，这就意味着我们缺失了一代建筑师。看看设计院里的技术人员年龄构成就知道，“文革”前的老同志早已退休，只有少数在返聘。“文革”后毕业的一代在挑大梁，如今年届四五十岁，又因为前些年出国、下海，这批人也不多。干活的是二三十岁的，甚至还有大学的实习生，这就是目前的现状。相比起国外事务所的团队组成，无论在年龄的构成、经验的积累上、还是职业的精神、机制的完善方面都很有优势，更何况他们还有一个庞大的国际技术咨询网络，无论什么问题都可以迅速地联络到顶级的专家进行合作。可想而知，这种设计团队组成上的差异将直接导致设计水平上的差异。再有就是小背景。如今建筑设计费用低，进度快是普遍现象，而设计院以产值挂帅，效益第一，更使得建筑师们疲于奔命。很少研究，不重视积累，“原创”不过是一种梦想，一种口号，或者只把“原创”当作某种与众不同的形式游戏。而许多国外事务所，常年项目不多，接到一个项目或参加一个竞赛便倾注全力。国外设计取费、工期要求和造价也比我们宽松得多，甚至有些项目中还会有专门的技术研发支持。相比之下，哪种条件下容易出精品就不言自明了。

尽管摆了这许多背景条件，但并非是否定自己，或者说回避我们这代中青年建筑师的主观责任，也并不是说我们就一定比洋人注定要落后。事实上经过这些年的同场竞技，国内设计单位的方案水平有了很大提高，有时在评审时，根本分不清哪个是国内的，哪个是国外的，国内方案中标的情况也越来越多了，令人欣慰！另外，一些海归建筑师的作品的实现度也

三眼井四合院改造

中国驻南非使馆

很高，这既有业主的支持，各方面条件较好的原因，也有他们的追求和敬业精神所致。更有像张永和、马清运这样的有一定国际影响的建筑师如今已受聘于美国著名学府执掌建筑学院，也足以证明中国建筑界的希望。当然，个别作品、个别精英的出现尚不足以代表中国建筑整体的水平，就像说中国的经济水平不能只提上海、北京一样。应该现实地看待中国建筑发展的状态。

除了应该理性地看待现阶段中外建筑水平的总体差距外，我以为更重要的是如何理性地面对这种国外建筑师进入中国市场的现实，或者说如何利用这种机会，通过合作，更快地、更系统地学习和吸收他们的经验。这方面应该提到近邻日本。自明治维新之后，他们大量地学习外来文化，日本很多早期著名建筑师都有过师从欧美建筑大师学习和工作的经历，这些都直接奠定了日本成为亚洲最早的工业化国家的条件，也是今天日本建筑雄踞世界建筑前列的基础。这种成功的经验我们应当汲取。许多同行批评有些标志性项目华而不实，甚至为了形式、创意多花了许多冤枉钱。但我也觉得,既然大局已定,为什么不能借这个机会,用理性的态度从这些“非理性”的设计中吸取有用的经验呢？这些高难度的创新建筑从设计到建造到使用管理方面都会有许多新的课题要研究，要总结。如果通过这些项目大大提高我们建筑科技的水平，这学费也就不算白交了吧。如果通过这些年的市场开放，我们的建筑创作环境能够与国际标准接轨，那这学费就交得更值了！

“民族形式还是本土文化”

记得上大学那阵儿，学报上讨论最热闹的话题是如何继承民族传统，把民族形式和现代化建筑结合起来，其中有形似和神似之类的说法。工作以后，无论是西安的阿房宫酒店还是北京的丰泽园宾馆都是在历史古城中，都有民族形式问题，自己不甘做大屋顶建筑，追求“神似”，采用了地方民居的一点儿符号语汇，在“夺回古都风貌”的形势下悄然过关，建成后也得到了同行们的好评。

这些年，大家面对市场，忙于项目，关于民族形式的议论明显少了。除了少数为了迎合旅游而建的仿古一条街之外，绝大部分建筑设计更关注的是商业利益和市场导向。不管是“西洋古典”还是“现代简约”，以致这两年又流行起来的“新中式”，都是为了吸引客户注意力而扮演的一幕幕时尚剧，其实与民族传统、地方文化不一定有直接关系。更有那些标志性的大建筑，新形式、新材料、新技术总是让领导眼前一亮，而它们与我们民族的、地方的文脉有什么关系就说不清了，有的很勉强地附会几句，有的干脆就声明要切断历史脉络。

问题不提并不意味着没有。当一座座城市被花花绿绿的建筑充斥着的时候，当一座座大学建筑彼此分不清你我的时候，当一个个大型社区被冠以各种稀奇古怪的名字的时候，当面对大广场、大绿地、宽马路，而仍找不到“北”的时候，人们大概都会问一个问题：这是哪？城市的失忆症一方面源自历史的消失，另一方面就是因为建筑又陷入了又一种千篇一律。记得有一次在国外参加一个建筑论坛，演讲中我着重介绍了中国城市建设的情况。下来后一位老教授问我：你们中国有那么久远的文化，为什么你们的建筑要向美国学习呢？一个月前，上海世博局和建设部召开了面向全球华人

左上：苏州火车站

左下：西山艺术工坊

右：奥运会多功能演播塔

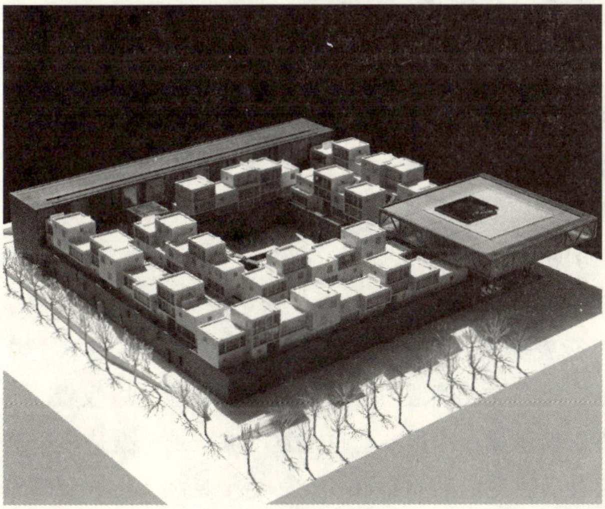

的中国馆的方案征集活动，其展览主题是“在城市发展中的中国智慧”，这势必又一次让我们反思我们的民族、我们的传统、我们先人的智慧。问题很明确！

似乎是旧话重提，似乎又是一场无休止的争论。事隔十几年，在一个更国际化的背景下，如何来思考呢？

显然我们都不愿再走前辈们已经走了几十年的老路，传统形式与现代功能体量的嫁接成功的例子不太多，而失败的例子却实在太多，更何况我们这些晚辈的手头功夫也远比不上前辈了，也许另辟蹊径才能体现我们这代人的价值。

其次我也感道，中国之大、历史之久、自然资源和人文资源之丰富，实非一个民族、一种传统、一类形式所能代表，简单化地套用，势必有违历史，有违传统，误导后人。比如秦汉遗址旁用明清式样建博物馆；比如在南方，用京城皇家的琉璃盖宾馆；比如在西部，用东郭的粉墙黛瓦做豪宅，尽管都是民族的，但张冠李戴，说明文化态度的不严肃。

再者，即便是学习传统建筑，关注点也不见得只在外观、形式。各地建筑的空间构成、组合方式及细部工法都各有特色，而这些又与当地的气候特点、自然环境、宗教礼制、生活习惯息息相关。从这些线索深入，会给当今的创作提供极其丰富多彩的源泉。

再说我们今天的建筑是为今天的人服务的，研究的重点应当是今天的生活、今天的城市、今天的文化。古建的形式反映的是古人的生活，今天的建筑理应反映今天的生活，这才是同一个逻辑。其实，我们今天的创作要用祖先留下来的东西来诠释自己的民族性，本身也说明我们对今天中国文化的不自信。

当然还有今天科技进步的影响，新结构、新材料、新工艺，提供了广阔的创作空间和极大的可能性。这实际上是建筑现代性的根本所在，也是建筑形式国际化的根本原因。今天全球化的浪潮不可阻挡，任何“夺回古都风貌”的想法都是徒劳的。

话说大了、说远了。说回来，民族形式、大屋顶这条路不能走了，并不意味着今天的创作就不能表现本土文化了，相反，如前所述，应该从更具体的环境条件中，从更广阔的文化领域中去寻找线索和机会。以我看，一个好的本土建筑，它不仅仅是属于中国的，也是这个城市的，更是属于这个特定环境的；它不仅仅反映先人的智慧和文化，更要反映今人的智慧与生活。当我们以本土的立场进行创作，心态就会放松，思路就会清晰，不用刻意杜撰宏大的叙事，不必标榜民族的风格，只要你对环境资源关注得越具体、越深入，提出的问题更准确，解决的方法更直接，一个属于这个场所的当下建筑就自然会产生，我们给它取个名字：本土建筑。

三段小文呈上，不怕见笑。按要求配上几幅图片，都是近几年完成或在建项目，多为文化类建筑或在有文化特色的地方设计的建筑。在这些项目的构思设计过程中，我和我的同伴们经常会讨论到有关文化的话题，我们也力争把这些思考贯彻到设计中去。当然，提问的方式、解答的方式、思考和研究的方式，是不是能合乎逻辑地推演出恰如其分的设计？而反过来，从设计中可否清晰地反推或理解到它的初衷和立意，就很难说。说的一套，做的又一套的事情也常见，可能也身不由己吧。我衷心希望各位看官帮我在说的和做的两方面都把把关，如有不一致的地方更望指正。

顺其自然　不落窠臼

钟训正

1929 年出于湖南武冈，1952 年毕业于南京大学建筑系。1952—1954 年先后在湖南大学、武汉大学任教一年，1954 年回南京工学院任教，现为东南大学建筑学院教授，1997 年当选为中国工程院院士，曾连任三届江苏省建筑学会会长。

在建筑设计构思上，我不求有什么拍案惊奇的理念，只想顺其自然、顺理成章而已。

我想就建筑设计界所关注的几个问题谈谈自己的看法，也谈谈自己设计的理念。

一、传统文化的继承与现代化

我国在建国后的一段时期内，建筑设计界有那么一条要遵守的设计原则，即“民族的形式，社会主义的内容”。所谓民族的形式，只是孤立地来谈样式，而且以怀旧的意识来谈。北京有现成的丰富典范，尽管这种形式是封建宫廷专用的，仍将它们视为建筑艺术成就的最高境界，是建筑中的经典。如果在设计模拟中对其有任何“篡改”就认为是对民族文化的亵渎。

至于“社会主义的内容”，其本身的意义就相当含糊，如果笼统而简略地说，那就是“为人民服务”。其实可以保险地说，所有现时代的建筑几乎都是为人民服务的。所以只剩下“民族的形式”唱主角了。在上述思想指导下，在北京的主干道上曾出现了不少纯传统形式的亭、阁式大屋顶，叠加在多层或高层的国际式底座上，这也可说是传统文化加现代化。八九十年代以来提倡地域文化、民族文化，比起民族形式的提法要涵盖更多的内容，要全面得多。本来，建筑传统文化是在一定的社会文化、习俗、信仰、政治、制度、物质技术、审美意识等影响下经过长期的实践才形成的。但它们并非完美无缺地成为万世师表，它们必然打上深深的时代印记，必然遗留有封建文化、制度的烙印以及落后的物质技术等内容，我们在重视它的同时一定要有所取舍。一个民族出于对本土文化的尊重和眷恋，希望有代表自己文化传统形象的建筑是无可非议的，但如果把某些封建意识、技术落后的建筑符号、形式或风格作为承袭的内容，则显然是走进了死胡同。尊重传统，取其神韵，走现代化的道路，这是世界潮流的所向，世界上即使是有丰厚历史遗产的古国，在新建筑中很少仍依循传统的形制。另一方面，外来建筑文化虽然

金陵度假村

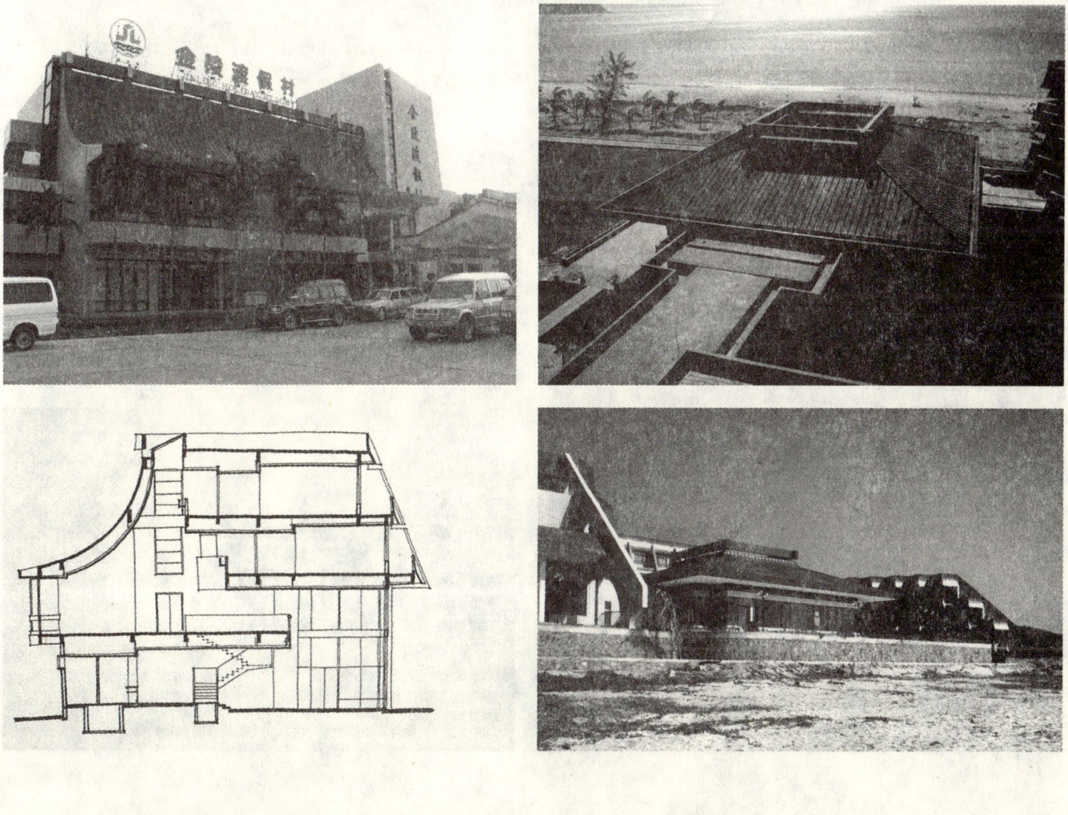

有物质技术先进的特点，但它的全球化有抹煞地域文化、抹煞个性的一面，同时也难免有标榜怪异荒诞的特性。

我在表达传统文化的设计探索中，不去模拟传统的建筑形象和细部，不求形似但求神似，也务求适应技术的发展和现代化的各种要求，我在设计海南三亚的金陵度假村时，在入口的建筑主体上用了大曲面屋顶，欲使其有传统大屋顶的韵味，也使其有现代化的简洁。大屋顶内为小中庭，充

太湖饭店

分利用了内部空间。另外，在临海的大餐厅兼多功能厅也用四坡大屋顶，在其顶部留出装有成品大窗的采光井，在井顶边有架空的井字脊。由于三亚的阳光强烈，屋顶如用暖色调则太过于火辣。我们用了灰蓝色的普通面砖，拼贴成较大间隔的瓦楞。总的看来，还有一点传统加现代化的意味。无锡的太湖饭店新楼，我们则使庞大的体积化整为零，使其有江南民居的韵致和玲珑。

二、材料、结构与形式

从建筑的综合发展来看，材料与结构对建筑形式的变革曾产生巨大的影响。古希腊以前只有梁柱结构，石是主要建材，最初的柱是矮墩，长期建造经验的积累和对石材物理性能的理解，柱渐趋修长，后来发展成定规的五柱式。但石材承受弯矩能力较差，梁的柱间跨度受到限制，梁跨加大，梁高势必不成比例地加深，这是当时的起吊措施所不能解决的。故尺度大的柱式，其柱间在视觉上必然变窄，这也就产生了尺度与比例的连锁关系。到古罗马时代，创建了拱券、穹窿，空间得以解放，建筑外形有了较大的改观。到哥特时代，石材的物理性能得到极大的发挥，原来沉重的石结构变得玲珑。到了近现代，钢筋混凝土结构推翻了古典石建筑的构图规律，梁柱变小，梁跨增大，原来建筑的厚实的底座可完全架空，原来墩实的外墙转角可因解放而显空透。现代钢材的应用使建筑形象更趋轻盈而敞朗。结构技术的进展、材料的更新，产生了形形色色的空间结构，几乎可无阻地覆盖任何大小的空间，跨度也几乎不受限制。它们将古典时期因材料和结构技术所衍生的造型法则如比例（Proportion）等改写了。

材料和技术虽带来革命性的变化，同样的材料和技术因具体处理的不同，又带来千变万化和优劣的明显差异。正如人都有脸面、五官，但其部位，大小长短等微差就使人类有史以来除了多胞胎以外就没有出现过同样的脸孔，这些还是物质层面的，还有无形的精神层面如品性、气质、文化素养等等，更使人千差万别。

材料和技术不是创新的惟一手段，20世纪后半叶以来材料和技术的发展很快，如果只立足于两者的新，随着时间的推移，新颖很快会老化，旧时尚很快为新时尚所替代，新旧更迭永不停息。而文化则是经久不衰的，我们历来重视传统文化，但从来不会去提倡继承传统材料和技术。

南京科学会堂

我在从事建筑设计的过程中也注意新材料新技术的应用，但不会为新而新，希望在综合功能、空间、技术、造型上不走老套路，有所创新，但也尽可能做到恰如其分，顺其自然。

南京科技会堂是我在1983年设计的，那时刚逢改革开放之初，也是“文革”后百废待兴的时期，作为一项科技项目，顾名思义，科技会堂似乎要有一定的科技含量，但那时所能掌握的材料和技术很有限，只有尽量利用有限的技术和材料，做到物尽其用。科技会堂面对的是市政府的传统风格的建筑群，但因其科技特性，故舍传统而趋于现代化，但又不宜采用世界大同的国际式，必须在力求简洁典雅，并与环境融和、功能合理上另创特色，这就是我当时的追求。就环境而言，基地坐南朝北，面临北京东路，北面是传统风格的市政府，中间隔以和平公园，东面是太平北路旁的珍珠河及河边绿带，西面是成贤街，街对面是东南大学教学楼。科技会堂实际上是市政府的“照壁”，沿街高度仅3层，西部是会议中心，多层（7层）的办公楼远离北京东路而置于东南部，冬季阳光的阴影仅投在无需阳光的会议中心。东部的活动中心与会议中心隔以一庭院，中轴入口正对市政府轴线。庭院通过东南部的空廊与珍珠河的绿带在视域上相通，会议中心在其西北角有一大空廊入口，便于会议中心向两条路疏散。

三、建筑与环境（自然环境与人工环境）的融和

建筑设计如果能尊重环境、适应环境，充分利用一切有利因素，达到与环境宛若天成，自然而然建筑物就必须具有一定的特色。在自然环境中，具体地说就该适应地形，保护和利用有价值的林木、植被、水体、山岩和历史遗产，也须充分利用已有的景观资源。在人工环境中，具体地说就该与周围的建筑群和谐共处，在功能上互为补充，相辅相成；在造型上相互协调。然而，在城市建筑群体中常见到一种怪现象：不少建筑物争当标志性主角，这与部分主管领导、业主和建筑师的心态和企求有关。有些当地领导把重大的建筑当作自己的政绩，横加干预；有些业主希望用它挣来声望和利润；有些建筑师渴望借此扬名。无怪乎国外某位名建筑师曾含蓄而讽刺地说：“中国的标志性建筑很多，几乎每走50米就见到一个。”我很钦佩国外某些企业主和建筑师的全局观。有些学校如哈佛、耶鲁等校园的建筑布局已臻完美，不宜有任何增补，作为学校原主体建筑的图书馆已远不

能满足使用要求，因此新建图书馆往往置于绿院地下，这样的建筑为顾全大局而牺牲了脸面，这是一般的建筑师所不甘心被“埋没”的。巴黎卢佛尔宫需要大面积的扩建，在总体上，任何古典或现代的大体量建筑的插入都不相宜，贝聿铭开发了三合院的地下、在地面只显出小面积的玻璃金字塔，它在形象上既古老又现代。贝的设计保护了原卢佛尔宫的整体性不被破坏，而把原来分散的各展区串连成一体。

我们没有机会为保护和尊重环境而做不要“脸面”的设计，但总想在结合环境上尽力而为。在20世纪80年代我在“无锡太湖饭店”、“三亚金陵度假村”、“南京科技会堂”等工程上为此而尽了一点心力。近几年来，我们（与韩冬青合作方案设计）设计并已于2005年建成的“洪泽文化中心”是一个与人工环境结合的例子。文化中心位于洪泽城东的新中心，是新区四大标志性工程之一，它位于新区东九道南侧，东五街东侧，与西侧的世界广场（临东五道）和中央公园隔东五街相望。政府大厦临东九道位于世纪广场的正北部，此“中心”基地与西北方向的政府大厦斜向呼应。该项目是以政府大楼为主体的群体中的一分子，必须建立与群体的协调关系以及确立与政府大楼的主从关系，同时也要展现文化中心多功能的活跃特性和高质量的文化品位。基地北面的东九道和西面的东五街不是直角相交，建筑布局必须与两条干道有和谐顺应的关系，故将建筑在方位上分成两组，各与相邻的干道成正交或平行。在两种方位的交接处为了保持两组平面的完整性和相交空间不显唐突，采用了多方向的开敞空间，减弱了锐角和钝角空间的突兀性。两组建筑在基地的西北部让出较大的开敞空间，在总体布局上向政府大楼形成围合，取得此组群与政府大楼的呼应。两组楼在中部设主入口广场，由于入口向东退离东五街，故在临近东五街的□字形组合的西北部设一标志性塔楼，对由东五街上南来的人指示入口的位置。临近东五街的□字形主组合的西翼，由西向东形成逐层退台，在各退台边设花槽，种植垂挂藤蔓，以取得与中心公园的生态呼应，同时也形成建筑本身丰富的轮廓。基地西北部的开敞空间设一水池，由西、北部及政府大楼来看，建筑与倒影形成一副生动的立体画面。“中心”从北面西面的主干道及南面的开阔地来看，其形象都很主要。车流可从东南的辅助道路进出，沿辅助道路设置地面停车场，避免机动车对“中心”的西、北、南步行区及景观的干扰。

建筑总体以方位来说分两大组，以功能而言两大组又分成三个区。以

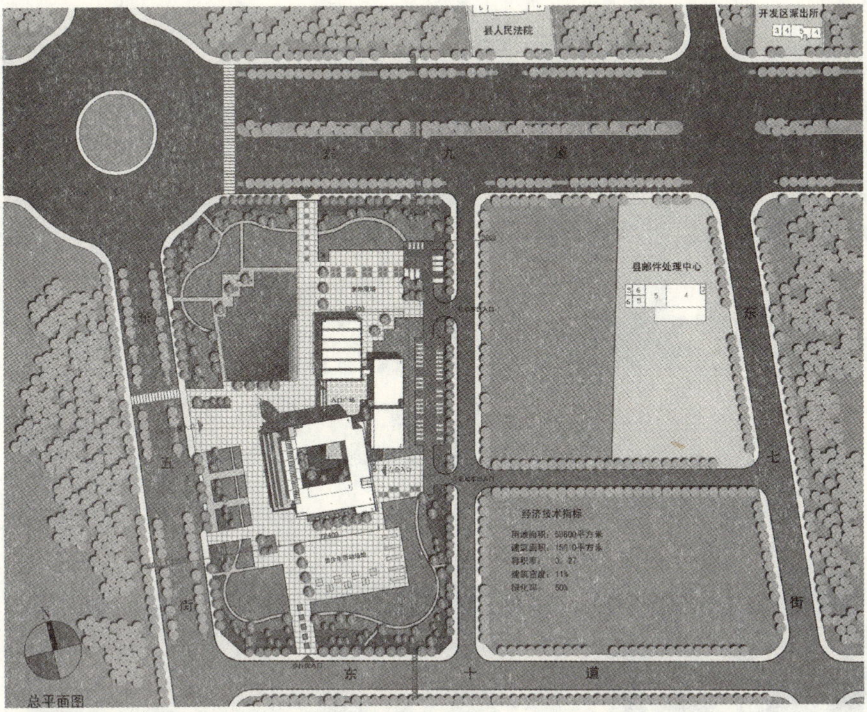

洪泽文化中心

洪泽文化中心

入口广场为各区的交通总枢纽，广场的北部和东部为一个组的两个区，北区为展厅，也兼多功能厅，厅的北头也设门廊与东北部的室外展场连通，这也是东九道上的入口，此门廊也丰富了临东九道的界面；广场东部为一闹区，其中有音乐厅、歌舞厅、乐器训练及相关的辅助空间；广场南部的□字形主区为静区，静与闹基本分开，但它们又合一门厅，管理方便而彼此又互不干扰。□字形组区为“中心”主体，其中部有一共享的内庭院，在其东侧底层架空，可使主导风向的气流顺畅地进入内庭院，并使内院四周的室内空间都有良好的通风效果。

青少年活动中心设在□字形主体南侧的一、二层，在南面另设一门厅，可独立对外，南部室外为青少年室外活动场地，为今后开展多种户外活动留有充分的余地，朝向优越且不受任何干扰。商业用房布置在一层西侧，临东五街，其位置可充分发挥商业价值，它既可独立对外也可对内。文化馆、图书馆、博物馆分别设在二、三、四层。

展馆在广场北部，其层顶的大跨上采用了钢筋混凝土折板，西外墙承托折板的大梁向中部广场延伸形成中部内广场的入口大门。在□字形主体的西南部的塔楼是整个“中心”的构图中心，塔楼顶部为略带传统韵味的双坡顶，顶层为敞亮的观景空间。□字形主体西侧退台的最高层为有折顶的灰空间半室外展场，也兼作休闲空间，它与塔楼相连，也是远眺世纪广场、中心公园和政府大楼的最佳观景点，此处的折板与展馆折板相对应，但又有区别。□字形主体的南面顶层（四层）全部出挑，延伸到西头又呈台阶逐步下降。与主体西部的大退台相对应，但整个台阶又向东退半跨，与大退台之间留一凹槽。南面四层出挑部分为博物馆，墙面以实为主，留有若干窄竖窗，在台阶面上则开大窗，整个出挑部分的长条水平体块与台阶有虚实对比。

“中心”采用单位空调，为避免空调外挑挂机在外墙上布置零乱，以致影响外观，我们在外墙适当部位有规律地预留凹档，这也成了外立面上的一大特色。

在我的设计生涯中，在每一次构思以前，从没有先入为主的理念和预定的目标，总是根据各种客观因素顺其自然地去着手进行，在此基础上，尽可能不走老套路。以前我给自己立了一条八字宗旨，即“顺其自然、不落窠臼”。这是我的主观愿望，有没有做好还难说，总结过去，经验有一点，教训却不少。尽一辈子努力，今后恐怕也难得功德圆满，就顺其自然吧！

徘徊在传统与现代之间

彭一刚

1932年生于安徽合肥。中国科学院院士，建筑设计大师，天津大学建筑学院教授、名誉院长。曾发表学术论文60余篇，出版专著六部，完成设计二十余项。著作和设计作品曾获得国家及省部级一、二、三等奖多项。2003年、2006年又分别获得“梁思成建筑奖”和“中国建筑教育奖”。

传统与现代，犹如一根线段的两个端头，一端指向过去，另一端指向未来。由于都处在同一条时间轴上，所以具有同一性，又因为分别处于轴的两端，于是构成差异和对立。我不谙哲学，未知这两者可否构成为一对“范畴”。

重传统与重现代的人都有，但过于极端的人却是少数。在近代，提倡全盘西化者，远有胡适，近有李敖。胡适提倡白话文不正是公然的反传统吗？至于李敖，则更是把传统抵毁得一塌糊涂：“在中国‘反传统’的‘传统’底下我李敖是一名大将；怀疑地说我李敖至少是一名廖化式的先锋。中国的腐败传统，在我的攻击下，已经愈来愈不能苟安，不能躲藏。我不许腐败的传统躲在阳光里狐祟，我要抓它出来，押在阳光里，捶它！”[1] 好厉害！这样彻底一边倒的人，他们是无需徘徊在传统与现代之间的。

与之相对立的代表人物可能要数辜鸿铭了，其实，他是深谙近代西方文明的，但由于思想极端保守，却竭力维护中国传统文化，甚至，一直拖着一条辫子终其一生。这样的人，也属一边倒，自然也不会徘徊在传统与现代之间。然而，发思古之幽情而念旧的人却不在少数，甚至连我自己也沾了一点边。

近读章诒和女士近著《名伶往事》，在该书的自序中，就流露出念旧的伤感情绪："中国文化传统与革新之间的断裂，在戏曲舞台和艺人的命运的身上是看得再清楚不过了。别说是京剧、昆曲，我以为自上个世纪以来，整个文化是越来越迷失方向了。数千年积淀而成，且从未受到根本质疑的中国文明，在后五十年的持续批判与否定中日趋毁损。去年，北京编演了一出有关梅兰芳生平的新戏，仅看电视转播，便惊骇万状。去圣已远，宝变为石。晚清人士面对华夏文明即将崩塌之际，曾发出'三千年未有之变局'的惊呼，何以如此悲绝？或许正如台湾学者（王德成《后遗民写作》）所言：'他们已经明白现代所带来的冲击是如此摧枯拉朽，远甚于改朝换代的后果。这也间接地解释何以民国肇造，有识之士尽管承认势之所趋却难掩一股强烈的失落感觉'……"对于往昔的怀念溢于言表！

与戏曲不同的是，建筑，作为一种物质的建造物，还不可避免地要涉及一系列功能使用、物质材料、技术经济等问题。面对西方近现代建筑的精神和物质双重文明的冲击，更是难以招驾。当今年轻一代建筑师，受传统文化影响比较淡薄，又处在改革开放的大潮中，其主流倾向自然是落在现代性上。联系到大的文化背景，这种倾向可以说是顺其自然，无可厚非的。

与新一代建筑师不同，我们这一代所处的时代恰好是一个新旧转型的过渡期。特别是我个人，可以说是既向往未来（现代），又念念不舍过去（传统），所以，注定是一个徘徊者。

我是1950年考上唐山交大建筑系的。1952年院系调整后，于1953年毕业于天津大学，可以说是新中国培养的第一代建筑师。自青年时代起，便深受辩证唯物主义哲学的影响，认识到事物时时刻刻都处在发展变化之中。对于传统文化的势微，乃至最终被新文化所取代是理所当然的。故尔，从理性上讲，并不过分迷恋于传统的东西。尤其是在建筑学方面，西方的成就是超过我们的，无论从哪方面讲，我们都无法与之相抗衡。出于当时的政治原因，虽然提出了学习苏联的口号，但平心而论，他们也许比中国先进，但仍然因循守旧，大大落后于西方。改革开放以后，西方强势文化一涌而进，对我们起到了很大的推动作用。弊端当然是有的，正如李敖所言："要西化就优点缺点一起要"[2]，他还说："他们对西洋文化，统统打着买椟还珠的算盘，他们不知道这种好梦是根本做不成的。"[3] 近年来我曾多次参加各种国际竞标的方案评审会议，对于国内、外方案均取一视同仁的态度，凡是好的方案，不论出于中方或外方，均极力支持。有人议论：中国成为外国建筑师争奇斗艳的试验场，对此，我是不以为然的。我也承认，某些或由于评审不当，或由于主管领导崇洋媚外，最终作出了错误选择，但这并非事物的主流。某些项目，没有必要邀请外国建筑师参赛，我也一再劝说建设单位不要盲目搞国际竞赛，拱手把高昂的奖金和设计费送到了外籍建筑师手中。对于某些重大项目如国家大剧院、"鸟巢"、"水立方"等，尽管啧有烦言，我却顽固不敏，不敢苟同。

至于我个人，从对创作的态度来看，还是把时代性放在第一位。特别是某些较大规模的公共建筑，出于功能、技术、经济以及审美等多方面的要求，从立意构思的一开始，就不曾想到什么"民族形式"，更不要说仿古了。岁月流逝，转眼已过古稀之年，我总是感到跟不上时代的发展。据此，把自己定位于"传统型建筑师"，当然，这里的"传统"只是意味着有别于"新潮"，对于新潮的东西，虽心向往，而实难为之，那么，就只好让年轻一代建筑师去拼博吧！由此可见，我虽保守，却并不顽固。这里要着重声明的是我所选用"新潮"一词，并非西方那种背离建筑本体论，无视功能和技术的合理性和科学性，以光怪陆离的形式来炫耀所谓的作者个性，即人们通常所谓"先锋派"建筑师。但即便如此，我也不认为他们一无是处，或许他们是西方社会发展到一定阶段的产物，有他们存在的道理。应当允许少数建筑师去探索，只是不应盲目地搬到中国而已。

我看不懂毕加索的画，从中也找不到美感。有朋友送给我厚厚的一大本毕氏的画册，转手我就送给了别人，但总不能因为自己不会欣赏就把它说成是一文不值吧！对于西方某些超前的先锋派建筑作品，我所持的态度也大体如此。

然而，我还是有念旧的情结的。李敖说他在初中时就不过旧历年，"认为过旧历年是一种不进步，并且违反现代化。"[4] 家里人吃大鱼大肉，他偏要吃炒饭；别人熬夜，他偏要早睡；给他的压岁钱，一概退还……这未免也太过偏执，我做不到。

对于传统的古建筑，我还是情有独钟的。其中，特别是园林和民居。

大学毕业不久，我就开始了古典园林的研究工作，由于接二连三的政治运动，虽不免断断续续，最终还是于1986年出版了一本专著《中国古典园林分析》，迄今，已逾20多年仍畅销不衰。另一本专著《中国传统村镇聚落景观分析》也于1992年出版。

研究的目的，在于从中提取可资借鉴的意念和手法，所以一旦有机会涉入园林建筑的规划设计，头脑中便不期而遇地涌动着纷繁的思绪。然而，古代的东西哪怕再好，也不可能适合于当今人们的需要。事物总是要随着时代而变化发展，我们决不可以泥古不化，而必须与时俱进。

“不同的艺术在历史长河中是必然要缓慢地起着变化，一些衰落了，一些转化了，还有一些升腾了……这一些变化，同样是未来社会和现代人所需要的。”[5]“衰落”不可避免，“转化”与“升腾”则蕴含着新生，如果说转化属于量变的范畴，那么，升腾则具有质变和飞跃的属性。常见的“仿古”建筑显然属于“转化”的范畴，它仍难冲破陈旧的躯壳，纵有进步，仍不可取，我所企求的却是凤凰涅磐式的浴火重生！这当然很难，但却值得追求。

第一个涉足于园林建筑规划设计的项目是山东平度的现河公园，以我对古典园林的熟悉，要是仿古的话，可以说是毫不费力地便可以信手拈来。这不仅省事，而且还会赢得当地主政者的欢迎。但我却避轻而就重，力求跳出古旧形式的羁绊，以期有所创新。继而又规划设计了福建漳浦西湖公园，对于这样一个小县城来说，本可因“陋”而就“简”，对付一下就可以了事，但我还是倾注了很大的精力，特别是刻意于吸收当地民居建筑的某些特点，赋予了它以闽南建筑所独具的地域性。

尽管这两项设计已经走出了仿古的阴影，但距离升腾尚嫌不足，主要表现在还没有充分体现出“现代性”。在完成了这两项设计任务后，又接受了厦门市日东公园的设计任务。该公园处于厦门市所辖的杏林区，属新技术开发区，周边所邻近的多为现代化的工业厂房，与之相毗邻的为一电厂的冷却水池。有数以百计的喷头，犹如喷泉，昼夜不停喷涌，蔚为壮观。出于大、小环境的考虑，必须以更新、更加现代性的形式方可与周遭环境相适应。为此，从屋顶到某些细部均采用了金属板材作为内、外檐装修材料。特别是屋面，完全摆脱了常规做法，而取微微上凸的孤形曲面，上覆铝塑板，并在其上设置了三角形格架，既体现出某些传统的意蕴，又闪闪发亮，具有鲜明的现代性。在我看来，比之山东平度的现河公园和福建漳浦的西湖公园又向前跨越了一步，初步达到了“升腾”的境界。

除园林建筑外，还在王学仲艺术馆、舟山沈家门小学等较小规模的建筑上作了一些探索，并且取得了一定的效果。但是，我也不认为并非所有类型的建筑都适合于体现所谓的传统建筑文化。故尔，总是徘徊在传统与现代之间。

要说在传统与现代的探索中取得了些许成果的话，可以归结为：一篇论文——“中西园林美学比较”；一本著作——《中国古典园林分析》；一项工程——“厦门日东公园设计”，仅此而已。

如今，已是老之已至，兴许还能有所进步，怕是难有更大的突破了。

恰在写完这篇拙文之后，在《建筑学报》2007年第二期中看到了介绍贝聿铭先生的新作苏州博物馆，真的感到十分振奋。近几年来，耳闻对这项工程曾有不少议论，主要是离忠王府和拙政园太近，担心会因为新旧风格的不协调而破坏古城环境，我曾看过贝先生的设计图，感觉不出问题有那么严重。现在终于尘埃落定，在我看来，不仅没有破坏，而且是极大地为周边环境增添了光彩。贝先生毕竟是世界级的大师，在耄耋之年还能拿出如此光彩夺目的作品，怎能不令人折服！多少年前我们就提出“中而新”的奋斗目标，但惭愧的是经过这么多年的努力，也没有拿出多少令人信服的作品。这不，贝先生又一次（前一次是香山饭店）给我们做出了榜样。以苏州博物馆而论，它绝对是一件极富现代感的建筑，但是却深深融入了中国的文化传统，特别是江南园林清秀典雅的格调。就这一点而言，它是胜过了香山饭店。

再一点联想是有关“大师”的称号。我们也有为数不少的大师，颇感惭愧的是我也名列其内。我们的大师是如何产生的呢？大约是经过单位推荐、专家评选之后由官方审而定之。最近，《建筑师》上有人提出质疑，认为大师应当是同行或人们公认的，而非自封或官封的，读后真感汗颜。像贝聿铭、赖特、柯布西耶……这些名副其实的大师，恐怕并没经过任何官方或非官方组织的“审定”，然而，在同行或公众中却享有崇高的声誉，这就不能不发人深思。

[1]《李敖语萃》56页，文汇出版社，2007

[2] [3]《李敖语萃》260页，文汇出版社，2007

[4]《李敖语萃》27页，文汇出版社，2007

[5] 徐城北著.《梅兰芳艺术谭》.江苏教育出版社，2005

认真的创作，真诚的评论——我的广义建筑创作观

戴复东

1928生于广州，安徽省无为县人。1952年毕业于南京大学建筑系。中国工程院院士，现担任同济大学建筑与城市规划学院名誉院长、教授、博士生导师。设计工程70余项，撰写专著7部、论文107篇。

从1948年夏天，我考进南京中央大学建筑系起，就进入了建筑圈子，到今天已经有58年了。时间不算长，也不算短。58年来，我国在广义建筑领域内从设计理念到工程技术的变化令人瞠目结舌！我就亲眼目睹了古典主义、复古主义、现代主义、后现代主义、晚期现代主义、解构主义、欧陆风，到极简主义、到××主义……同时，今天电脑的发展，使得建筑信息极为丰富，传播的方法又非常先进，网络、各种媒体、书籍、报刊……制作、储存并且运载着大量的观念、构想、言论、实践、作品，多不胜数，而新事物新思维不断涌现，得到迅速而广泛的传播，令人眼花缭乱、莫衷一是、莫测高深、一言难尽。

在这样的环境内，建筑师该怎么办？我想我们广义的建筑师是这样一种群体：他们在爱心、忠诚与诚信的基础上，根据时代的发展和社会的需要，应用自己从各种渠道学习到的社会科学知识、自然科学知识和工程技术本

领，结合他们不断学习和掌握的广义建筑技能，以为人服务作为基本宗旨，在各主管部门的领导下，团结或被团结，与各种有关的工程技术人员、工人、各种管理人员，在设计上和建设中去创造新世界的这样一种群体。这些话说说容易，但做起来却是相当艰难困苦的。

今天，广义的建筑师队伍越来越大，年轻的广义建筑师的水平越来越高。在这种情况下，中年人和年纪大的人该怎么办？我的爱人吴庐生教授很早就曾经说过这么一段话："天分是爹妈给的，机遇不是人人可得，只有勤奋是属于自己的。"的确是这样，只有在"勤奋"这一点上是人人平等的。所以，只要自己努力，还是可以继续学习、提高，在前人的基础上走出有益的步伐。为此，我感到在这样的形势下，在广义的建筑创作中我们最好能建立"为人、求精、创新、动人"的广义建筑创作观。

我们的设计工作首要是为人，这就是建造广义建筑的目的，如何才能为人呢？人的需要和要求是随着时代的进展而不断丰富变化的，也是随着经济和科学技术条件的变化而变化的。所以有一个在时间、地点和条件上的磨合和制约问题。那么如何才能根据具体情况做到为人呢？我认为我们的设计工作应当重视"合理、合情、合法"的原则，这样应该是可以基本上做到为人的要求和达到为人的目标。

1. 合理

什么是合理呢？理就是道理、规律、法则。营造广义建筑的主要目的就是要满足人们各种不同类型、不同层次、不同目的的要求。设计合理就是我们设计的目标，要根据时间、地点及条件有目的地解决若干或全部的问题。解决得好就合理，什么是好呢？可能有不同的意见和看法，但是会有一个结论，这个结论就是最后的社会实践结果。以这个为出发点来组织空间、设计界面、安排细部、创造形象、完成环境。这样就会比较容易取得人们的理解和支持，引起争议和认识差异的情况就会少些。我想，世界上的事物是复杂的，但是，做设计合乎道理、符合规律、顺于法则、把道理说明白了，大家的看法就比较易于统一。当然，道理也不是一成不变的，随着时代和社会的发展、经济的丰实和科学技术的进步，也会有发展和变化的。

由于我们对别人的工作了解较少，下面我们想谈谈自己在这方面的一些浅薄体会。我们从事的建筑设计工作是一个牵涉面非常广，各个方面错综复杂、互相交叉、互有干扰的活动。因此，在我们的设计工作中会碰到很多很多的困难和问题。在这个情况下，建筑师会压力重重，真是很难走完的设计路。由于设计图纸在时间上有限制，有些问题就根本没解决，或是解决得不好。这样，我们的设计就不容易做好做满意。但有时候会有灵机一动，想出一个新的或好的办法。怎么会有灵机一动的现象？怎样才能产生一动的灵机呢？我不是心理学家，也没有专门研究过这方面的问题，但我想有广博的知识面，有丰富的生产生活和阅历经验，应该也是一动灵机的背景。下面用我们自己一些实践经过的例子来说明一下：

(1) 华侨旅馆评述

1957年3～4月份，在杭州西湖边一个重要地段要建筑一座华侨旅馆，举行全国解放后第一次大型建筑设计竞赛，我也参加了，我给自己提出了两个目标和要求。一个是：我希望这个旅馆每一间客房都能看见西湖，这样每一个客人就都会非常喜欢这个旅馆了；另一个是：旅馆在西湖的东侧，西湖美丽的风景虽好，但景

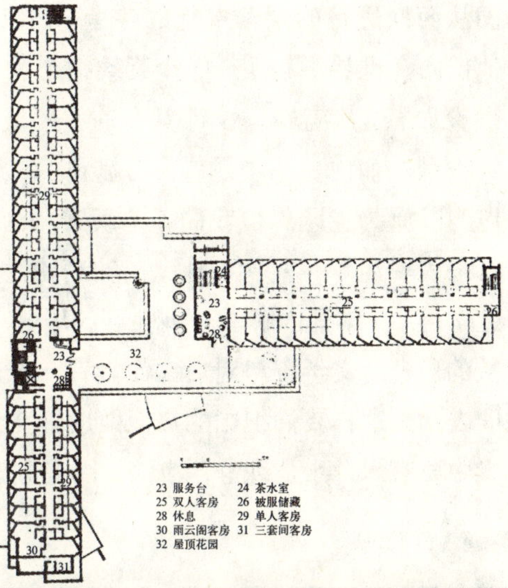

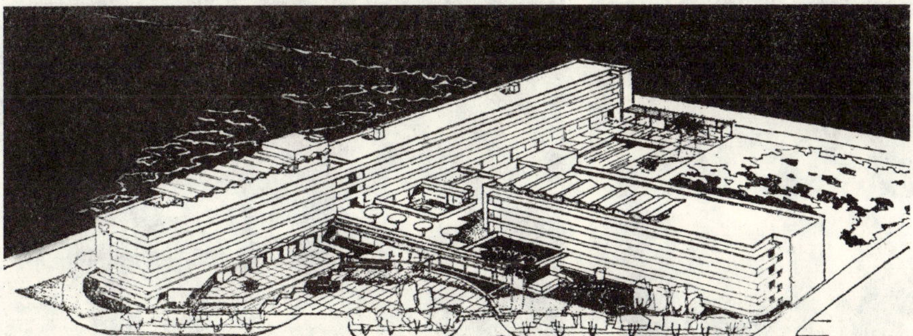

杭州华侨饭店总体鸟瞰图

向在西（景向这一词汇是当时我的创造），西晒对客房很不利，而南向是房间的好朝向，我想，我应当解决朝向与景向间不一致的矛盾。这两个题目都不是简单可以解决的。一面思考、一面设计，后来我突然想起将矩形的客房外墙做成凸出的钝尖锥形，这样一排客房的外墙平面就形成了锯齿形，就解决了朝向与景向矛盾问题。同时，从西湖周围整体环境要求来看，任务书要求建筑物不宜造超过四五层，这样建筑物铺得较开，做成一个东西向的体段，一个南北向的体段，组合在一起，两个体段互相垂直拉开，我的两个要求都达到了，结果这个方案就获得了并列一等奖。

（2）“华沙英雄纪念物”评述

1957年7月份，波兰国为了纪念在第二次世界大战中，波兰人民对德国法西斯进行的艰苦卓绝的斗争，以及人民与城市所蒙受到的极大灾难，他们向全世界举行了“华沙英雄纪念物”的国际设计竞赛。当时我和爱人也参加了这次竞赛。设计竞赛的主题就是表现华沙人民的斗争、波兰人民的胜利。如何表达主题？我们想到了，旗帜是斗争的引导，是胜利的表现，应当以旗为主题。但我们不是画家，也不是纯艺术家，我们要用建筑的语言来表现旗帜。其次，斗争、胜利的过程和成果应当使观众理解。我们通过学习、了解国内解放战争胜利的历史，感到光靠“形”是不够的，要有大量的历史、文学资料对后人作教育。于是决定用一个陈列馆和旗的形态共同表达，这样我们把馆的墙面做成折叠状，产生旗的感觉；此外，我们想方案中要有水，水是纯静、净洁、晶莹剔透的物质，表达烈士的人格、情操；

左下：波兰华沙纪念物模型东面鸟瞰

右下：波兰华沙纪念物模型西北鸟瞰

方案中也希望有廊，廊使人在参观后可以坐下来留连忘返地反思与休憩；“旗”上有执刀拿盾的华沙美人鱼形象，它是华沙城的标志。后来，这个方案和其他方案都得到了方案收买奖。

(3) 湖北省委招待处

1958年6月，武汉的湖北省委招待处要同济大学对他们招待所的设计图纸提意见，系主任黄作燊先生要我参加。去了以后，看见施工图都画好了。我不善于客气，而是实事求是地对这一组建筑不足之处提出意见。在武汉东湖山旁水畔，原方案没有很好地考虑与地形地貌的结合，其次是未考虑客人从各种不同的房间看出去的感受，和游人从各个角度来看它的感受等等。带队的人是一位断了左臂的军人，听了意见后他马上跟我说：“这个方案我们不要了，请你来做设计好不好？”听他的口气是正面的意见，我马上回答他：“我只是提些可能不太成熟的意见，你们已有设计单位和设计人了（当时设计人也在座），我不能做。”我想：抢别人的设计，这是缺乏职业道德的行为，因此加以婉言谢绝。第二天，他来校到系总支办公室，要我们做，总支书记同意他了，我后来告诉总支书记，不能做，这是不道德的，总支书记就谢绝了他。后来他到上海市委，由市委压任务到学校，系里只好接收下来，我不敢不做。他要我们立刻做一个方案，我在对原设计者万分抱歉的心情下，做了新方案。我考虑到招待所接的客人是“人”，因此以人的尺度、人的感受、人与自然的关系来设计，而不是考虑庄严、宏伟……他们很喜欢，带回武汉后被批准了，叫我和吴庐生与另一位同志去武汉做现场设计。断臂英雄和我很多看法都很一致，唯独对主客人的卧室大小为8m×8m，净高4m的要求坚持不让，我不同意，觉得太大、太高、不够亲切。后来有一次他们让我们参加观看演出，有机会看见了毛主席，断臂英雄告诉我，这间房是给他老人家用的，这我才放下心来，不再坚持己见。

在设计室内游泳池时，我们考虑了以下几点：①从整体看，游泳池也要做成机平瓦四坡顶，除了朝南开落地大窗外，我们就将朝南屋顶一大部分做成顶部采光的玻璃面。这样泳池内一年四季阳光充足。在冬至那天，阳光可以照到北面池壁上端。②防止泳池内吊顶上凝结水滴下。吊顶采用木条做弧形顶面，木条内有凹槽，凝结水汇聚于槽内，流到旁边墙壁，顺墙流下，不会从顶上滴冷水点下来，使人突然冷得吃惊。③泳池室内空气中水分很多，水蒸气会凝结在墙上，这样墙体的墙面应当是硬质，不能吸水，如果墙体材料坚硬，室内

上左：武汉东湖梅岭工程入口腾飞雨篷

上中：武汉东湖梅岭工程主套房部分东外观

上右：武汉东湖梅岭工程游泳池局部内景

下左：武汉东湖梅岭工程会议室

下右：武汉东湖梅岭工程报告厅活动台唇

混响就很大，往往会有振耳欲聋的感觉，因此室内就要吸声。能吸声的材料是松软的，这二者有矛盾，怎么办？国外十多年前就采用金属穿孔墙面，内部填充了吸声但又不怕水的材料。可当时国内没有，只有国外进口，那是三年自然灾害时期，几乎不可能，怎么办？思想上担子很重很重。经过冥思苦想，我想一步一步来，先要解决面层是硬质、可以钻孔但不怕水的材料，可当时连铝材都没有。后来我想不怕水的光滑的材料只有玻璃，磨砂以后背后涂油漆外观效果也是可以的，但是否能钻孔，可能难度较大。最后实在没办法，提出这一方案，请施工人员试试，结果居然成功，这令我非常高兴。但吸声材料用什么呢？又经过一番苦思。我想起了农村中下雨天农民披的蓑衣——棕榈皮，软的、松散的、可吸声，可它不怕水，大家对这一想法如获至宝。结果就按照这个意见做了。这是1959—1960年的事，后来80年代我又去看了一下，他们反映效果还是很好的，当然我还感到不足，因为这些只是定性的东西，缺乏定量的研究。但我又高兴地认为，这好比是一场战争，我用土枪土炮，打下了敌人易守难攻、只有机械化重武器才能攻克的现代堡垒。④小会堂：当我知道这是毛主席使用的，我立即就想到了领袖愿与群众打成一片，而群众也希望与领袖握手。就立即想到舞台口部。首先我想小会堂不要做台框，这样容易感觉将台上与台下隔

开。其次我想舞台口部最好做成抽屉式的踏步，推进去就是普通台口，拉出来就是台上台下交流互通的踏步。我的想法很好，但这个台口怎么做？世界上还没有过。我不怕困难，运用上了我的全部建筑、构造、结构、材料和机械知识，设计好了之后我很开心。但我后来没见过它的建成，我想也许不太好，被建设单位改掉了。但当我80年代再去时，看到了这个台口，很高兴，再用手推拉，很轻巧，我很开心，这是我的成功。2002年，我在上海设计了中国残疾人体育艺术培训中心，有一个小剧场的舞台口，我也采用了这种可推拉方式，并采用机械推拉，但使用后常常被卡住，没有手推的好。

(4) 诺宝中心评述

2002年，我们设计了上海中国残疾人体育艺术培训基地——诺宝中心。初看这个建筑，也许有人会想，大概是赶时摩，做曲线，给残疾人搞这些东西，是玩弄形式，铺张浪费。可事实是这样的：经过对残疾人的了解，我们认为残疾人和正常人一样，他们不少人有很高的聪明才智，做出很多成绩，看他们的演出使人一直热泪盈眶，我想：社会应当重视和尊重他们，所以我们要将这一组建筑设计成残疾人殿堂，残健可共享。

1) 旅馆

残疾人的旅馆为什么做成双圆形平面呢？过程是这样的：在设计时，甲方向我们提出一个要求和难题。在残疾人艺术、体育人员中，聋人是很难进行联系的，因为他们完全没有听觉，在直线型平面旅馆的走廊中，后面的人有事要通知他们会非常困难。经过一翻思考后，我们提出旅馆部分用圆形并有中庭的平面，但甲方非常不喜欢单圆形，认为那是炮楼子形状。再经过一番思考后，吴庐生教授提出做双环形平面，双中庭，用观光电梯放在双圆之间。这样，用肢体和形象语言来达到与聋人联系的结果，得到甲方的认可。建成后，甲方告诉我们，这样做的结果，在使用及观感效果方面都比较好。

2) 室内游泳池

1959年我们在武汉东湖设计了一个室内游泳池。在当时物质困难条件下，我们做到了让泳池可以接受充分的阳光和室外自然景色，人与自然接近。四十年过去了，应当与时俱进。于是我们首先就在矩形空间上动脑筋。首先将两长端部分近似三角空间切下来搬到中部顶上，这样在体量大致相当的情况下，

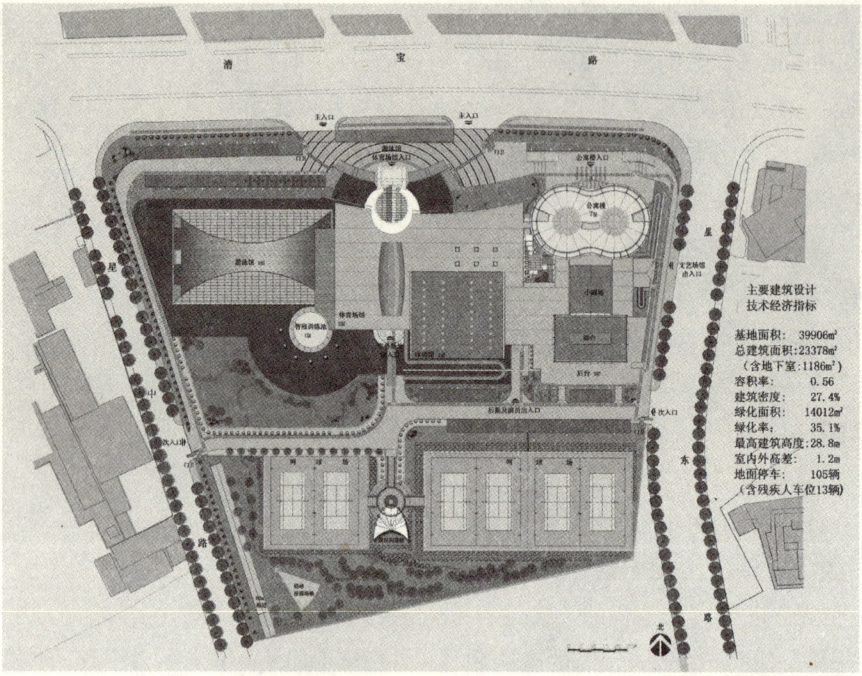

上海中国残疾人体育艺术培训基地——诺宝中心总平面图

上海中国残疾人体育艺术培训基地——诺宝中心公寓楼四层以上中庭内景

上海中国残疾人体育艺术培训基地——诺宝中心总漕宝路上北面整体外观

上海中国残疾人体育艺术培训基地——诺宝中心公寓楼西北外观

上海中国残疾人体育艺术培训基地——诺宝中心公寓楼南面残疾人坡道顶视

上海中国残疾人体育艺术培训基地——诺宝中心公寓楼四层以上中庭采光顶细部

上海中国残疾人体育艺术培训基地——诺宝中心公寓楼主入口前厅侧面仰视

上海中国残疾人体育艺术培训基地——诺宝中心公寓楼游泳馆耐火耐侯钢框架及点式玻璃幕墙细部

上海中国残疾人体育艺术培训基地——诺宝中心公寓楼游泳馆由起点向终点望内景

整个游泳池空间高敞了，最高点达到了15.8m，净高13.4m，比较高爽。然后，又在室内游泳池横剖面上做文章，在两侧面上各斜切一刀，去掉了上部不需要的空间，整个室内游泳池的室内外空间形态做成了一个类似花篮状的东西。它的室内空间形态、日照、外部景色透入的效果，使人与自然的关系更为接近，得到了一个比较满意的结果，而它的空间体积比12m高的矩形空间减少了近1/4。此外，游泳池内的钢结构根据规范的规定，要耐火、耐候（耐潮湿），最后，武汉钢铁公司科技中心承担了这一重任，由他们短期中练出了世界上第一例这种钢——高性能耐火耐候建筑用钢WGJ510C2，我们协助他们克服了重重技术难关和技术检验，才得以实现建成这幢单体。后来，我将这种钢介绍到国家大剧院和其他很多重要的工程上去，已得到更广泛地应用。

3）残疾人疏散坡道

紧急疏散对残疾人是很重要的，因此我们必须要设计和建造残疾人疏散坡道，在此也没有先例。坡道的栏杆不做金属的，而做成实心的钢筋混凝土，以防止火焰窜入坡道上去，这样既取得雄浑有力的形象，同时也可以在平时作为残疾人登坡运动之用。

(5) 浙江大学紫金港校区中心岛组团

这个工程的总体规划由华南理工大学何镜堂院士领导的小组获得浙大的入选奖和认可，后来浙大邀请我和我爱人吴庐生教授以及其他单位的一些专家也参加单体设计工作。浙大有关方面问我们愿意设计那一个单体？我们想：何院士中的奖，我们能受邀参加设计已经很高兴了，因此我们提出由浙大安排，别人不愿做的我们做也行。最后浙大校方指定我们设计中心岛组团，我们推之再三不允，只得承担下来。

这是一个人工岛，中间有一条东西向的学校主干道穿过。岛的面积是 $48678m^2$，而建筑面积是 $37992m^2$，为了使得岛上建筑不显得拥塞而破坏校区中心，我们利用了有大量陈列室的内容，将道路北区建筑满铺，由北向南斜切一刀，使体量北高南低，形成了半月形。利用陈列室屋顶北向开条窗，展示出大屋面向北斜伸，这样沿中央主干道上就显得建筑物不高而感到亲切。同时，

杭州浙江大学紫金港新校区中心组团东南方向鸟瞰中心岛建筑

杭州浙江大学紫金港新校区中心组团南入口看中心岛建筑

左上：杭州浙江大学紫金港新校区中心组团中心岛 A、B 区之间连廊内景

右上：杭州浙江大学紫金港新校区中心组团 22 ~ 1200 座观众厅内景

这一个形体可以使人从外观上感到基地北面虽被遮挡，但地面仍呈现出圆弧形的态势。而且，南面水上的倒影使北区也有逐渐向后退缩感，在这样一个要建造大量空间的环境中，才能够取得没有拥塞感，从而得到开敞的效果。

这些，只是我们几十年来追求和探索的一部分，水平还是有待提高的，只是想借这几个例子来说明，广义建筑中对于合理这一创作原则追求的一点努力，可能很不成熟，希望得到批评、指正。

2. 合情

什么是合情呢？情就是人的情感、意向。设计出来的方案和建成后的实物，主管人、投资人、使用人，还有相当多的局外人和局内人都觉得不错、对它有好感，这就是顺合了人们的情感、意向，我认为这就是合情了。但不同的人有不同的文化程度、文明素养、个人意趣和爱好，特别是主管人、投资人、使用人，如果设计人与他们在早期意见就有不同，而设计人的意见又是正确的，那就要说服他们，我们做出设计的原因和道理何在，取得他（她）们的认同、理解和支持，否则我们设计的人就只好改变我们的看法，去适应别人的需要，或者是坚持我们的“真理”，而不顾其他可能的后果。此外，情的问题中也有一个雅与俗的矛盾问题。一般的情况下，设计人都自认为雅，要重视雅，但要避免孤芳自赏。有时也免不了随一下俗，但要重视俗不伤雅，最好做到雅俗共赏。总的说来，合情的问题，应该是立足于现实，情感上就高带低，就未来带现在。

3. 合法

什么是合法呢？在整个建筑活动中，建筑的行为和过程，是受法律制约和维护的，我们首先要遵守国家的大法，其次在大法下有民法，也有刑法。此外，我们还有建筑法规、安全法规、消防法规、节能法规等等，必须遵守，因此遵纪守法是第一要务。当然，各种建筑的法规有时也会因人而异，例如过去国外设计了一些与国内法规不一致的建筑物，后来由专门的机构组织有关专家，专题讨论予以修改，例如超高层高度、特高中庭等等。当然也可能我们的规范还存在不合理之处，但这就不是我们个人力能所及的事了。

做到了以上这几点之后，求精、创新、动人既是操作技术问题，也包括对合理、合情、合法的追求之上的。

结语

最后我再简单说说真诚的评论问题。评论是一件很严肃的事，在我国，国内建筑界之间的评论不容易开展，这与建筑师在社会和工作上所处的地位有关，大家多半是处在被动、受支使的地位。此外受到反面评论的对象，待遇上会有影响的。而且中国人的传统思想“和为贵”，对评论也会有阻碍。当然，对外国人的设计情况就比较不一样了。这反映在国家大剧院、奥运主会场等几个比较大的、而在设计上与国内的认识、观点不一致的工程上，评论开展得还是比较热烈的。

对大剧院来说，经过了很多轮的方案提出和讨论。我有机会参加了很多次评审，我认为整个过程是正常、合法的，决定方案前的好几次评审，朱镕基总理都参加了，但他一言不发，只是在听专家们的发言，专家们希望他能提些看法，可他从不发表意见。最后一轮评审中，规划、建筑、舞台、设备、文艺、演员、导演、音乐家等各方面专家绝大多数评委都赞成安德鲁的方案，于是这个方案就送交给中央政治局常委讨论，而他们又基本上一致同意了这个方案，并作出了采用的决定。后来引起了众所周知的轩然中波。为此，召开了各方面有关专家的专题会议，正式进行讨论，我也参加了，会上有的人赞成这一方案，有的人反对这一方案。我本不想发言，不想参加争论，但大家都谈了，也要我发表意见，这样我就谈了最后一次会议上我对这个方案的看法，我认为这个方案在型态、空间、整体布局、具体定位上是有特色，与众不同的，但是在内部剧院形态上还存在一些问题，所以，当时我未明确表态，我认为这些过程都是走合法的法律程序的，如果现在要否定方案或改用其他方案，那应当仍要经评委会讨论，最后由政治局常委再讨论作出决定。特别在政治局常委会重新再讨论决定的这一点上，否定方案可能是不明智的。第二天，因为上海有教学活动，我提前离开了北京，后来这次会议作出了决定：根据安德鲁的方案仍继续往下进行，但面积和造价不得超出，会议之后，我心里感到很纳闷：这一工程为什么要政治局常委来定案呢？这个方案从设计哲学、形态的处理与国内一般认识有很大差别，虽然今天我们强调了改革开放，领导人接受了新事物，但怎么会得到当时政治局常委的一致支持呢？后来，我有机会到北京去，车行在天安门广场和长安街新华门段上，看到大剧院外壳出来了，刹时间我突然受到了启发，原来，大剧院对外没有一间房子单独设置窗子，面对中南海方向就是一层外壳。在一般情况下，在大小剧院、音乐厅等有国内外各层次、各专业人士的很多活动，人员和操作时间会很杂乱的情况下，用一层大壳，对中南海的安全就会有较好的保证。在已经正式作出建造在这一块基地上的条件下，在评委会绝大多数评委对目前方案表示赞同的前提下，政治局常委作出认定这一方案的决定应该是正确的。虽然在决定方案后深入方案的讨论中，我提出了为了安全的需要，大剧院大棚壳下不能放置室内停车场的建议，并被采纳，当时我只想到了地下的安全，而没有想到地面上的安全。这一下我的思想豁然开朗，心中的迷团得到解开。作为一般的执业建筑师、学者，有时我们的“书生气”是比较浓厚的（以上纯属我个人不成熟的想法）。所以我认为对建筑物的评论在建成之前是完全应该的，同时我又认为，有时特别应该在建筑物及其环境建成以后对其进行评论。因为方案、图纸、甲方和设计人的意见并不可能在建筑及其环境建造之前我们就能一清二楚的，而且图纸上甚至模型和实物之间还有较大差距。

所以我认为我们在开展评论时应该是严肃、严格但又能宽容的。

以上就是我的粗陋、浅薄的意见，请批评指正。

建筑语言探索的艰辛之路

布正伟

1939年出生于湖北安陆，1962年毕业于天津大学。1965年研究生毕业以来，参与和主持设计了百余项建筑工程，并荣获国家、部、省级等设计奖多项。出版《自在生成论——走出风格与流派的困惑》等学术专著三部。现为中房集团建筑设计有限公司资深总建筑师，天津大学等多所高等院校客座教授，中国建筑学会建筑师学会理事。

40多年来，在我的创作道路上，留下了两条印记：一是探索“建筑生成”，二是探索“建筑语言”（两者又是相辅相成的）。常言道：“让作品说话”，但作品又得靠建筑语言说话。确实，建筑语言的探索，是我职业生涯中十分重要而又十分艰难的选择……

一、有幸走进建筑语言的学术领地

还是在上大学和读研究生的时候，我就开始关注建筑美学问题，特别是建筑风格问题。徐中导师的论著《建筑与美》和《论建筑风格的决定因素》等，对我有着特殊的吸引力。原来，不仅每一个时代的建筑有其自己的风格，而且，每一个时代的建筑大师也有自己的风格。正因为个人风格的存在，才使得时代风格无比灿烂。

在从母校老师和建筑界前辈那里吸取营养的同时，国外一些建筑大师也是我学习的榜样。其中，柯布西耶就一直是我心中的偶像。到了1980年代初，当有机会系统阅读西方建筑大师作品集的时候，我又格外欣赏阿尔托和路易斯·康的建筑风格了。那时虽然还很少走出国门，但仅从他们的作品图集上，就产生了过目不忘的深刻印象。可以说，柯布西耶的奔放、阿尔托的机巧和路易斯·康的朴拙，对我后来的创作有着持久的潜移默化的影响。这三位大师的作品让我懂得，建筑风格的创造既不能脱离时代而沿袭过去既定的模式，又不能随波逐流，失去呕心沥血所应赢得的艺术个性。随着工作阅历的丰富，后来我便逐渐地意识到，如果没有自己的建筑语言，就根本谈不上去创造富有艺术个性的建筑风格，也就不成其为“建筑大师”了。

为了给自己的作品增加光彩，同时，也是为甲方节约资金，我曾在建筑环境设计中，先后创作了《螺旋》(合作)、《太空》(合作)、《兰色天使》、《红鸟》、《鸡尾酒会》等钢雕和《阳光之歌》大型彩色壁雕。自己不是学雕塑的，我问过一位老雕塑家，这样搞行不行？他的回答出乎我的意料：“有什么不行？正因为你不是雕塑科班出身的，你才没有那么多条条框框，才能用自己的语言去创作。你有你的语言密码，所以别人才抄袭不了。”从此，“语言密码”这个陌生而又有点奇怪的词语，便深深地刻在了我的心田上。

正式接触“建筑语言”这个学术词语，还是从阅读詹克斯的《后现代建筑语言》和塞维的《现代建筑语言》这两本著作开始的。不过，那时还仅仅是处在一种模糊、抽象而又孤立的思维境地之中。后来，在《新建筑》上看到了罗瑞阳写的文章“文本与书写：走向文学的建筑”，才深受启发，将“建筑语言”与“建筑文本”、“建筑书写”联系起来了，出现了认识上的一个飞跃：原来，搞建筑设计就像写文章一样，设计成果，就是建筑文本。换而言之，在我看来，“建筑语言”概念的提出，其出发点就是要变更一种思维方式，用“建筑语言”这一新的参照系统，去体察建筑、评价建筑和创造建筑。

二、在创作中感悟建筑书写的好处

在60岁之前，自己还无暇对建筑语言理论作系统的研究，但在繁忙的建筑创作中，却无时不刻地在思考：要表达什么？又如何去表达？这两个问题，其实，也就是建筑语言运用中最核心的问题。写到这里，我自然又要说说我在《自在生成论——走出风格与流派的困惑》（哈尔滨：黑龙江科学技术出版社，1999）一书中，关于如何去表达建筑文化内涵的观点。我曾指出，建筑的艺术气氛、文化气质与时代气息，是建筑中物质文化、艺术文化与精神文化（即人类整合文化）内涵的外显系统。其中，由建筑师根据建筑性质及其所处自然环境与人文环境而有意识导致的建筑文化气质，乃是建筑表现（也即建筑表情）之魂，失去它，建筑的艺术气氛与时代气息的创造，也就流于一般而失去光彩。基于这一认识，我把体验城市、体验生活中所积累的，有关地理条件、自然资源、气候特点、历史文脉、文化背景、民情风俗等方面的创作素材，都力求圆融于建筑设计及其环境设计之中。这样，既可以使我打破那些习以为常的设计模式，又同时使这些作品，如重庆和烟台先后建成的4座航站楼、北戴河的林海度假村、中房集团培训中心、徐州的金穗大厦、北京的人定湖公园文化馆、独一居酒家、泰德家世界，东营的市政广场建筑群（检察院、法院、审判庭、新世纪门、市政府办公楼）和河口区行政中心等，都能具有比较鲜明的可识别性和建筑艺术个性。

1980—1990年代，在建筑创作实践中积累的经验，确实使我切身体会到，将建筑语言概念引入建筑创作，并将建筑设计比作文本书写(即建筑书写）的一些好处：一是可以将设计中的各种客观因素和主观因素（包含建筑师的体验与情感），都可以看作是写作素材，将其融于建筑创作之中，从而使带有陌生感、甚至神秘感的建筑创作趋于生活化和鲜活化。二是用“书写”去看待“设计”和“创作”，就像作文一样，首先就会想到，要表达的立意是什么，按什么文体去书写；然后就会去审视文章写得是否通顺，是否抓住了要领；在这个基础上，再去看文章润色得怎么样，是不是写得精益求精了。用这样的方法

北京人定湖碧波楼实施方案（1994年）

珠海鑫光大厦设计推荐方案（1996年）

烟台中国海花园广场中标方案（1995年）

1990年代中期，为力求克服建筑语言运用中固有范式和流行模式的束缚，作者结合建筑的功能性质及其所处自然环境人文环境，对建筑语形系统自在生成所进行的务实性探讨举例。

去搞建筑设计、搞建筑创作，自然就容易做到“顺理成章”，就可以避免在设计和创作中本末倒置，较好地去把握“理性”与“情感”之间的关系。现在，盲目地去追求形式、牵强附会地去搞创意、不得要领地去追求变化，都已成为顽疾、通病，甚至在丧失了建筑品格时，自己还不知其所以然。第三个好处就是，在“书写”与“设计”的类比中，可以从建筑部件、建筑实体、建筑空间、建筑环境等诸方面，去探索建筑词语、建筑语句、建筑修辞、乃至建筑文本结构等各个部分变化的可能性与灵活性。由于跳出了传统建筑构图的某些束缚，因而，在悉心的“书写”过程中，往往可以获得意想不到的效果。最终还要指出，通过这样长期的训练，就会对“建筑”产生一种“另眼相看”的悟性和直觉，你就可以发现和欣赏到别人难以发现或难以欣赏到的东西——这也正是多了一种“参照系”及其“思维系统”的优势所在。

三、关键是把概念转化为职业本能

从理论上去探索建筑语言的系统、规则、运用与审美，是在1999年出版了《自在生成论——走出风格与流派的困惑》之后开始的。这之前，虽然读了不少国内外有关建筑语言论述的文献，但总免不了有一种“云山雾罩”的感觉，主要是因为，学者们在使用建筑语言的相关术语（如词汇、修辞、句法学、语义学）时，都是比较空泛、比较自由的，甚至难以判断不同学者所用的同一术语是否就是指同一涵义。因而，面对这些术语，往往是“只可意会、不可言传”。再有，似乎都是在孤立地讲建筑语言，至于如何运用建筑语言去书写“建筑文本”，以及词法、句法、修辞、语义等究竟是指什么，几乎不得而知。即使涉及，也是一带而过。我想，之所以如此，除了理论上的阐述确实是有其难度之外，另一个原因，恐怕还是由于理论脱离实际，而难以找到应有的研究方向及其“切入点”的缘故吧？

为了把握建筑语言与人类（交际）语言之间切实可以进行比拟的地方，同时，也是为了使建筑语言概念真正能转化成建筑师职业本能中的构成要素，在60岁的时候，我把对比性研究提到正式日程上来了。仍然是在设计工作之余，我研读了《语言论》、《汉语语文学》、《语境适应论》、《当代中国修辞学》、《语言表现风格论》等与人类语言学相关的一些论著。由于有建筑创作实践经验的长期积累，再加上《自在生成》理论系统研究打下的基础，因而，建立起建筑语言研究的理论框架系统并不怎么困难。然而费力的是，所涉及的内容相当多，也相当复杂，要把每一部分都交待得有条有理，论述得令人信服，还都需要去粗取精、去伪存真地做大量工作。按照“设计优先、研究续后”的原则，我还是采取了打持久战的方法：利用间隙时间，一个章节一个章节地去研究、去完成，与此同时，也不断地去调整和细化理论框架系统。这种方式不仅不会耽误手上的设计工作，而且，还可以静下心来，反复去检查和完善以前完成的那些章节。这时，那怕是在一个局部能作一些满意的补充或修改，那也是十分开心、十分惬意的。

四、应对复杂学建筑语言的新挑战

在《新建筑》上，我曾陆续发表了阶段性研究成果：“建筑语言概念的由来与发展”，“建筑语言的原生属性与特征”，“建筑语言构成的复合系统”，“建筑语言结构的框架系统”，“建筑语言运用的词法规则、句法规则以及修辞规则”等。在此之后，我又用了相当长的时间完成了与建筑语义、建筑语境、建筑语言审美等相关的研究内容。在耗费了七年的业余时间之后，当进入到“建筑语言演进的动力与规律”这一至关重要的研究篇章时，却又遇到了来自信息时代建筑语言演进中的新情况、新挑战。

在后现代文化的大背景下，随着西方建筑审美思维变异和计算机新技术发展应运而生的、表现“复杂性”的建筑思潮此起彼伏。这究竟是偶然现象，还是建筑语言发展规律使然？所谓“复杂学”建筑，还有建筑语言规则可言吗？在建筑创作的实践中，我们又该如何去应对呢？

随着我系统查阅与非线性设计和表现建筑复杂性相关文献的不断深入，我仿佛走进了另一个既陌生、又不完全陌生的语言世界。在冷静地反复思考和判断中，我逐渐感悟到了，这是建筑语言发展至今必然会出现的社会现象，而如何去面对这种现象，则应该有一个客观的学术立场。我们既不能把这一类建筑理论和创作实践当作是异端邪说，一概拒之门外；也不该视其为放之四海而皆准的金科玉律，盲目吹捧或照搬。纯粹非线性的、表现复杂性的建筑，由于它也具有自身的局限性，因而，能否成为普适性建筑而得以大量建造，这便是一个难以排解的疑问。至于那些并非炒作，而真正取得最大化综合效益的作品，恐怕就为数更少了。然而，我们也应当看到，复杂学建筑语言在建筑语义的表达中，可以自由地将各种设计影响因素融入其中；在结果生成过程中，可以自如地掌控建筑雏型各种变化的时空状态；在建筑语言的运用乃至创造中，还可以导入高效而精确的运作机制和生成方法。如此等等，对于我们这些职业建筑师来说，都是极有吸引力的。从我亲身经历的创作体验判断，作为主流的新现代主义建筑和新地域主义建筑，以及作为极有发展前途的生态建筑、地景建筑乃至节能建筑，都将根据各自的需要，而去吸取复杂学建筑语言变异中那些有价值、而又行之有效的经验与手法，从而形成信息时代建筑语言的新特点、新风格。

五、我们的归宿是要自律也要自重

前面我说过，建筑大师和绘画大师、音乐大师一样，都会有自己艺术表达的语言。然而，我并不认为，大师就可以死守一成不变的语言模式，到处去套用。我们常说，“到什么山头唱什么歌”，“在什么场合说什么话”。对建筑语言的构成系统、运用规则、审美原理以及建筑语言演进规律的认识与掌握，恰恰有助于增强我们在建筑语言运用中的应对能力与表达能力。对于职业建筑师来说，掌握建筑语言的一个重要目的，就是在“建筑书写”中去从容地应对和表达。

我自己常常这样去想：把握建筑语言，就像在调色板上去调和不同的色彩一样。尽管我仍坚持以现代主义的理性原则为基础，但是，我又会根据不同的工程性质、不同的建造环境和条件，去搭配并调和不同的建筑语言色彩——其中，现代的、古典的、地域的、乡土的乃至表现主义的语言色彩成分，都有可能“掺合”进来。我比较偏爱在适应不同语境中形成的既有“主色调”、又有“混成色”的建筑语言品质，关键是要把作品应有的“文化气质”表现出来，而不要“媚俗”、不要“甜俗”。当然，建筑语言的运用，还要体现与时俱进的进取精神。尽管在这种艰辛的探索中，我遇到了各种各样难以言状的挫折和麻烦，其中，对未能如愿建成的几个作品，更是感到终生遗憾。但正如社会上曾有一本书的书名说的那样：“痛，并快乐着”……

1980年代初，我第一次独立主持设计的重庆白市驿机场航站楼（改扩建一期工程），在国内首次采用了旋转45°的系列方形候机单元。借鉴传统而凸显出来的气候设计手法，以及表现山城文化氛围的清新语言和纯朴风格，曾让加拿大驻华使馆文化参赞发出感叹："我看过你们国家许多城市的航站楼，但从来都没有像这座航站楼让我这样感动。"

北京独一居酒家的改建，采用了海带草和最便宜的低档材料，恰如其分地表现了山东海鲜风味餐厅的特色，与城市流行的珠光宝气的商业建筑形成了强烈反差。聂兰生教授在中国建筑学会作的学术报告中专门提到了它。最近，在看到《建筑创作》2006年第10期上发表的六个近期作品后又说，我还保留了原有的风格特点，她喜欢东营清风湖公园的听风观景楼，认为这个作品挺有黄河地域文化气质。

1990年代初，烟台莱山机场国内航站楼迎来了首批海外旅客。这是我从建筑设计到环境设计都有很多投入的一个作品，甚至连公共空间每一幅画作的题材、风格、大小尺寸、边框材料乃至悬挂位置，都是我亲自"量体裁衣"敲定的。验收时，凸显出来的地方文化色彩和富有"狼烟墩台"（城市名称来源）的象征性给大家留下了难忘的印象。市建委主任告诉我，有一位客商下机后，把航站楼里里外外留心地看了一遍，然后说："烟台能建成这样好的候机楼就说明，这里有人才，有让人放心的投资环境。"

东营市新区市政广场建筑群是在地下水位高、两侧单体建筑（检察院、法院）规模仅6000平方米等困难条件下规划设计的。由广场空间视线设计而引入的"方塔"体量，和由底层抬高后四周围墙演绎而来的"环形阶梯"，正是在这种特定语境的制约中，建筑语言修辞运用的自然结果。长期生活在当地的一位老专家告诉我，这个广场建筑群，之所以受到"上头"（市领导）和"下头"（市民群众）的认同，就是因为，这里的建筑风貌不是赶新潮的、流行的，而是朴实的、浑厚的，能反映出这座石油城的性格，能代表黄河三角洲这个中心城市应有的形象。

在中房集团建筑设计事务所，我接待过德国建筑师。在交流中，他们表示对我作品集中的"小建筑"感兴趣，想去参观。还问到："北京人定湖公园中的文化馆建起来了，为什么湖对面的碧波楼没有建？""小甲虫别墅设计很别致，这里面是不是也有传统建筑的文化元素？"他们又直言不讳地告诉我："你们城市建设中那些高大的建筑很乏味，小建筑可能反倒有意思。"

1999年彭一刚院士为中国建筑工业出版社出版的《中国当代建筑师——布正伟》（作品集）写了序。彭先生写下的这一段话，既是对我的热情鼓励，也是对我的无形鞭策："他把每一项设计任务，不论是大的、小的、一般的或特殊的，都看成是一种机遇，从不轻易放过，而是牢牢地抓住它，力求上品位、成精品，以至在他设计的各种类型建筑中几乎都是有个性、有特色、有说法的。”

2002 年，关肇邺院士赠送给我他新出版的大作《关肇邺选集》（北京：清华大学出版社，2002）。我读到关先生自叙中“关于建筑设计中的个人风格”时，很受教育：一方面，建筑师要自律，他不能将“个人风格”（自然也包括自己的建筑语言）凌驾于建筑所处的环境与城市之上；另一方面，建筑师又要自重，因为在建筑作品中不可避免地会反映出个人的素养和气质来。关先生在此还提到：“中国建筑师中我们所熟悉的，前如戴念慈，现在如布正伟，也都有明显的个人风格。‘文如其人’，建筑也如其建筑师。”我想，自己是不能与名副其实的大师戴念慈前辈相提并论的，而如果把这看作是对自己 40 多年来在平凡岗位上实践与探索的一般评语，我则会感到格外的温馨和慰藉。回首过去，面对曾有过的缺憾和教训、艰难和挫折、收获和经验，自己不由得万分感慨：无论是从创作实践来说，还是就理论研究而言，对建筑语言的探索，只有开始，而不会有结束……

2007.6.18

于北京山水公园

半世寻觅求一得

马国馨

1942年2月生于山东济南，1965年毕业于清华大学，工学博士，后到北京市建筑设计研究院工作至今，现任院总建筑师。此外任中国科协常委，北京市科协副主席，中国建筑学会副理事长。1994年获全国设计大师称号，1997年当选中国工程院院士，2002年获“梁思成建筑奖”。发表学术论文300余篇，专著有《丹下健三》、《日本建筑论稿》、《体育建筑论稿》、《学步存稿》等，主持编写《体育建筑设计规范》。

时光荏苒，从事建筑设计这个行业转眼已经40多年了。对这个行业来讲，40年是一个既不算长、也不那么短的时间，可对一个人来说，差不多就是多半个辈子了。在这一时间段中我们赶上过“政治挂帅”、“以阶级斗争为纲”、“先生产后生活”的年代，经历着一个又一个的政治运动；我们按“下楼出院”的指示，下过工地，上过农村，走过“五七道路”，参加过“以工人为主体”的“三结合”设计组；从小工程到大工程，我参加和负责过若干责任重大，又要边设计边施工的重点工程；在改革开放以后，又赶上头几班车去国外研修和工作，能够近距离接触国外的名师和事务所；这些年也获得过大大小小的各种奖励和头衔，头脑中不时闪过一些成就感和得意；随时间和实践的检验，工程中暴露出的教训和遗憾也使自己汗颜。随着坐六望七的年龄，淡出设计一线已成现实，回顾自己走过的道路虽因时下环境、条件、工具、方法甚至是观念的变更而时过境迁，没太大用处，只当是当年心境的点滴写照罢了。

我亲自参与和负责的工程并不多（对“亲自”二字后面自有我的解释），建成使用的更是屈指可数，这和许多高产、多产的同龄建筑师，有众多的实践机会的中青年建筑师根本无法相比。其中一个原因就是几个大工程如国奥中心、首都机场2号航站楼的建设周期都很长，每项工程前后经历6～7年时间，参与了从立项、方案直到竣工验收的全过程，也正因为这样的经历，所以个人心得的侧重点可能也就不太一样了。

1971年北京建外的国际俱乐部工程是我参与的第一个大型公建。说是大型，也就一万多平方米，现在根本不算什么，可那时是中国刚刚恢复了在联合国的合法席位，是外交事业发展的需要（现在看来还是估计很不足的）。因为是“文革”后期北京开工的第一批公建，所以很引人注目。当时院老总们都还没完全“解放”，三室负责这一工程，吴观张是建外工程的工程主持人，我是国际俱乐部子项的建筑负责人。对于这类公建，我是一点经验也没有，随便举个例子，基本施工图完成后，说是要出“装修图”了，那时我还真不知道装修图该怎么画，又不好意思去问别人，等看老同志画了几张以后，心里才明白原来如此！当时在“文革”后期，所以设计行业还有许多莫名其妙的清规戒律。那时保龄球还没有引进自动摆瓶的设备，就要靠工人一个个去摆瓶，只有两个球道摆起瓶来也是够累的，于是有人就说：保龄球是资产阶级玩的娱乐，根本不考虑工人的死活！争论了一段，后来是黄镇同志说国外是工人、海员们才玩保龄球，才把这项活动保住。当时建筑中使用黑颜色也十分犯忌，俱乐部的钢窗框就是刷的黑色，和乳黄色马赛克相配很精神，可那时我们统一口径，决不说是黑色，只说是墨绿。隔路相望的友谊商店外立面是浅绿色马赛克，但里面有些不规则的深绿色点点，被建筑工人称为“麻子”，很看不惯还专门做了样板请当时刚刚出来负责城建工作的万里同志查看，结果万里说：“麻子俏，十个麻子九个俏。”一句玩笑话才把争论画了句号。这些情况现在说起可能都是笑谈了。

俱乐部的工程实践也有几件事印象深刻。一是方案设计阶段如何向有实践经验的各种人物学习，以便设计更为符合客观实际。如俱乐部有当时很少见的室内网球馆，俱乐部的网球陪练季恩义是中国网球界的元老，国际级裁判，他详细介绍了网球场设计的要点，对光线、照明、室内的各种要求，甚至网球场红土地面的做法等都倾囊相授。为中西餐厨房的设计详细听取了厨师的要求，参观了几大饭店的厨房，张镈总专门介绍了新侨和前门两个饭店厨房不同的排风特点。另外由于当时是现场设计，所以能够对照图纸了解施工当中的实际做法。工地一建公司翻样师傅李大毛是南方过来老木工，经验十分丰富，他经常不留情面地指出我们图纸中不符合实际的地方。那时在夏天要做木地板烫蜡，施工安排在夜里，我也曾光着膀子和工人一起抬着大火盆，亲历了这一施工的全过程。

自己感到非常幸运的是自这个工程以后，我负责的几个工程都有机会经历其全过程，做到全程参与和跟踪。像国家奥林匹克中心和首都机场2号航站楼，在基本施工图完成以后，几乎每天从早到晚都呆在现场，这一般都要花去1～2年，甚至更多的时间，基本没有精力再去顾及别的工程。另外，在施工现场处理事务，也要求有充沛的体力，像国奥中心现场东西相距1公里多，现场也不好骑自行车，一上午处理问题刚刚够从东头走到西头。首都机场航站楼南北长700多米，东西长300多米，地上地下4层，来回上下走几趟没有体力是绝对完不成的，更别说处理技术问题了。而且也正是这些工程的多次全程经历，使我深深体会到建筑师的设计创作应该贯穿在由方案到竣工后使用的全部过程之中，也就是包括由可研或方案阶段的构思和创造；由方案构想转化为施工图纸时与相关协作单位和结构、设备、电气等专业的再创造；由图纸转化为建筑实体过程中与施工单位、加工制作单位合作的再次创造；以及建筑物竣工验收之后，在使用过程中的持续发展和创造。这些环节环环相扣，缺一不可。在现实生活中常常有许多很有冲击力、吸引力的方案，但竣工以后却看去平庸；也有些方案看上去四平八稳，但最后却很生动有看头，除去一些客观因素如造价、施工水准以外，从设计角度考虑，与是否抓住了全过程的质量控制和不断创造，尤其是前三个环节的创造有极大关系。

在人们的观念中建筑师的能耐主要表现在方案构思上，表现一种“从无到有”或“花样翻新”的能力，这是非常重要的一步，尤其是造型上的想像力和表现力，这是毫无疑义的，但仅此于此也不全面。作为建筑师要经历从“理想主义”向“现实主义”的转变，有时这一过程很不情愿，对重点工程的方案，一般都是要求高、时间又紧，领导和业主不断提出新的目标和要求，建筑师一遍又一遍地提出想法几近走投无路，我常开玩笑说这时建筑师已经到达“无差别境界”，即对我们来说什么形式都无所谓了，只求能快点定案拍板。另外，在较重要的工程也常有求稳怕乱的心理，不敢弄险，所以我常认为工程越大越重要越不易有大的突破。而进入施工图阶段的创造是我十分喜爱和感兴趣的一步。亲手画施工图，在画图中体会那种从宏观到微观、从单一专业到工程协调、从模糊到清晰明了的过程真是一种享受。当然那时还是手绘图纸，我也不会利用计算机画图，工程的总平面和定位放线或竖向图，一定要自己亲手绘制，因为定位放线如出了错误很难补救，所以亲手画好，还要反复校核，不但有相对尺寸，还要有横竖座标，两套系统互为补充，以保证万无一失，有时还有总说明和材料做法表。另外，也喜欢画一些自己感兴趣或有一些难度，别人不大好画的部分，像国奥中心的室外竖向和景观设计，体育馆屋顶曲线的三维定位，航站楼的全部标牌指示系统。作为负责人，不看到图纸上各部分得到妥善解决心里是无法踏实的。所以前面所说“亲自”参与和负责工程的一个重要标准，就是自己一定“亲自”绘制施工图，并希望图纸达到一定数量。没有做到这一点的工程我都不挂到自己名下。

施工过程的现场服务更是一个细致工作，要求敢于大胆拍板又要冷静谨慎；要坚持原则又能随机变通；要求在没有出路中找出路，没有办法中找办法，是个既讲究技巧又讲究艺术的环节，是在任何教科书上都找不到现成答案的体验，是只能意会不能言传的微妙应变经历。从设计一方来说，通过现场服务可以及时发现图纸中的不足和遗漏，进而随时调整和补充，尤其在结构大框架出来以后，空间感和尺度感的体验更为直观和明确，便于进一步的微调和变更。同样是一种材料的加工安装，有设计和没设计，好设计和一般设计，有细部和没细部效果就不大相同。随着施工单位加工订货及厂家的确定，二次设计的任务十分繁重，而当时我国相关加工厂家的设计力量较弱，对设计意图了解不够，很难做出建筑师预想的效果，所以在这一阶段大撒手的偷懒做法将失去很多机会。尤其对于一些重大工程，到了施工阶段设计方经常就要变成了“被告”或处于弱势，业主怕投资控制不住，施工单位特别注重工期，这个时候在工地现场的配合对建筑师来说，就不单纯是一个技术问题了。就技术问题而言，要求细心而谨慎，因为现场的任一条修改都可能牵一发而动全身，常常弄不好顾此失彼，难以招架。而工地上更多需要交流的技巧，变通的智慧，设身处地的多方案，有原则而又灵活的手段，这是一门极为微妙的谈判交涉艺术，我常开玩笑地称之建筑师“需要使出十八般武艺的浑身解数”。但现场服务也有好处，那就是“不打不相识”，可以在工人、技术人员甚至管理层中交到许多好朋友，从他们那儿可以学到许多书本上学不到的东西。除技术上的经验高招以外，还有他们朴实、真诚的为人和作风。像 20 世纪 80 年代一建公司的老劳模费金泉，对工作勤勤恳恳，认真负责，他在东交民巷宾馆和 519 工程分别和我们夫妻俩打过交道，后来因中风行动不便，但他在退休回上海前专门由他的徒弟陪同，走到我们筒子楼五楼和我们话别，至今让我们难忘。

至于竣工以后在长年使用过程中的持续发展和创造，有的建筑师还能参加点意见，大部分情况是被撇在一边，眼看着使用单位在那儿为所欲为，干着急而没有办法。我就有这样体验，建筑物刚竣工时去拍些照片还较像样，但过若干年再去看,有的就惨不忍睹了。我常说一个不恰当的比喻。建筑物的完工，就好比建筑师把精心培育长大的女儿嫁了出去，但会遇到什么样的婆家是一点底也没有，看到姑娘嫁过门去“蓬头垢面”的样子，娘家人却束手无策，遇到这样的情况最好的办法就是躲开不去看它，眼不见为净嘛！当然建筑物交工以后改动和变化是不可避免的，建筑师通过 POE 方式，吸取经验教训以利于今后的改进设计也是必要的。但是建筑师更希望遇到有品位、有眼光、负责任而又善于听取意见的业主和物业管理！

建筑设计创作是个具有强烈个人色彩的集体创作行为。建筑师都是一步步由小工程到大工程、由简单到复杂、由陌生到熟练的不断总结、领会、综合、分析的过程。建筑师要做好一个工程，按过去的老话，“天时，地利，人和”缺一不可。自己能够参与和负责一些比较重要的重点项目，和地处北京首都以及北京市建筑设计研究院这个 50 余年“老店”不能说没有关系。那时还没有招投标等这样激烈的竞争，所以更多地体现在各级领导和主管的信任和支持，而且从工程实践的过程看，没有院所领导的组织、指挥、调配、调解，尤其是政策和人力上的大力支持，在业务上充分放手，这些任务是不可能顺利地完成的。另外和共和国同龄的北京市建筑设计研究院是有众多专家，积累了丰富设计经验的大型民用建筑设计院，我遇到的各种疑难问题，都可以在专家那

在毛主席纪念堂工地屋顶上。左一是六建公司全国劳模吴天福，左二是作者

里找到满意的答案，那时除张镈、张开济、赵冬日几位老总以外，建筑方面还有刘开济、周治良、傅义通、白德懋、张德沛、宋融、方伯义、熊明、吴观张、王昌宁等，结构方面有胡庆昌、郁彦、程懋堃，设备专业有杨伟成、那景成，电气专业有吕光大、王时煦、王谦甫等，每当拿不定主意时有他们一句话或指点马上就心里有了底，踏实多了。当时设计院还有强大的信息资料室，配备各主要语种，专家有陈占祥、华揽洪、张莉芬、邱连璋、章与春、金东霖等人，能够在最需要的时间提供出某一类型建筑的国内外最新资料，使我们能迅速了解建筑的现状和水准，便于制定设计中赶超或突破的目标。在这样的环境和氛围中，没有做过的可能看到过，没有看到过的可能听到过，这都是做好一项工程的良好的外部条件。能够有机会主持和负责某个大型重点工程，对建筑师来说当然是极好的机遇。但当人们把机遇、人际关系和个人努力等条件摆在一起，让我对其重要性排序时，我都是把人际关系放在第一，机遇放在第二，而最后才是个人的努力。

在负责这种时间紧、责任重大的重点工程时，我常用“如履薄冰”四个字来形容自始至终的心情，只有工程竣工验收后，才会稍稍放松，有的工程就是交工以后，也还不能完全踏实。我做这些工程基本都是单打一，没有那种同时几个工程并进的情况，因为一个项目就已经招架不过来了。一接手工程，就像上紧了弦的发条，或是发动机起动，然后就是永无休止地运转，工程紧张的时刻，常常是后半夜就睡不着觉了，把工程中已经解决或尚未解决的问题都过一遍，许多关键问题常常就是在这一过程中发现或想出个解决办法来，所以和加班、下工地那种体力上的疲劳相比，更累的是那种“心累”，是无止境、无定解的不断追求。至于我自己的具体做法就是事必躬亲、亲历亲为、以勤补拙。除了前面说的画施工图是一种兴趣以外，其他一些关键的文字部分，如设计说明书、来往公函、设计修改洽商等都是亲自起草或完成，多年的经验告诉我，这些文字文件在遣词造句、内容和分寸的把握上很有讲究，必须考虑有理、有利，既要有利于工程质量，又要坚持设计单位的原则立场。对于业主或施工单位涉及重大决策、关键变更、标准修订和重要会议，一定要亲自参加，以掌握第一手资料，也能够了解事情发展的来龙去脉。在施工工程中，对于施工单位提出的主要加工订货或安装图纸，几乎每张都要亲自审核签字。像在航站楼进入装修阶段后，指挥部曾向我们提出有某装修公司愿意免费承担全部公共厅堂的装修图纸，设计院可以不必过问了。对我们来说当然省事了，可我们想到为了保证公共厅堂的整体效果和设计意图，另外众多复杂的工种综合也只有我们最

首都机场航站楼方案

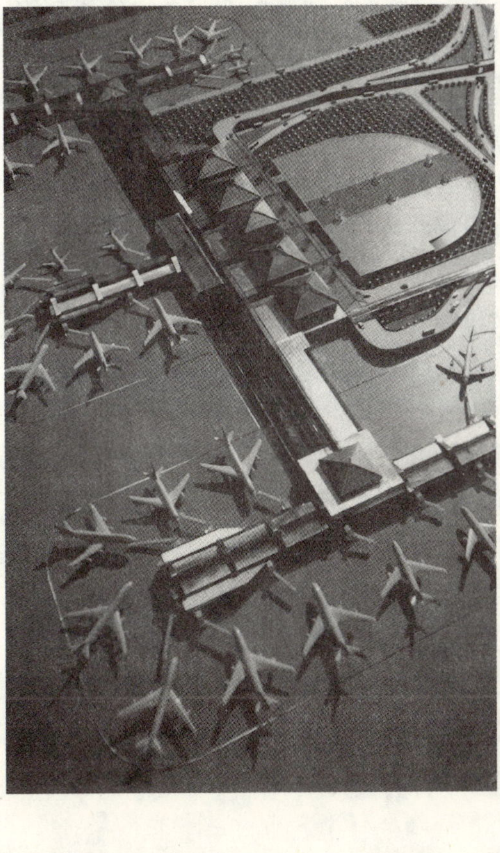

熟悉，尽管合同中也没有装修图这部分工作量的费用，但我们还是坚持全部厅堂的装修图纸要由我们自己来完成，这样设计图纸的工作量大大增加了，但是最后的效果和格调得到了保证。

但是个人的力量终究是有限的，你纵使有“三头六臂”也不可能包打天下，何况规模如此大的工程，动辄几十人，最多时上百人，无论从建筑专业本身，还是从各专业的配合，还加上各协作单位的介入，决定了建筑创作这一种集体行为的特点，是团队合作的结果。过去无论在学校学习还是工作以后，最注目的常是一些明星建筑师，看到他们的作品集和手稿，为他们的新奇构想所折服，后来有机会与一些名师近距离接触，甚至是共同工作后，我发现这些明星建筑师在成为“明星”的过程中，他们已经逐渐形成了适合自己特点的理论和设计套路，并在此基础上不断所拓展和变化。在事务所里有一个配合默契，并熟悉这些套路的设计班子，由于国外事务所雇佣劳动的特点，实际上明星建筑师或其合伙人成为设计班子集体智慧的代表，用金钱购买了众多设计人的智力。从国外建筑师事务所的运行实践看，如何通过明星建筑师和其核心成员或雇员的良性互动，通过平等的切磋和启发，达到集中集体的智慧和创造力是事务所运营成功的关键。对于这种设计机制的探讨，我曾在 2001 年深圳的一个研讨会上专门有一个发言，探讨这一问题，之后发表在《建筑师》99 期上，此处不赘述。其内容无非是说只有形成良好的创新机制，才能始终保持旺盛的想像力和创造力，单纯地依靠一个人一个“大师”，其创造力不可能永远处于巅峰状态，国外事务所因明星的年老、去世，或因创造力枯竭而一蹶不振的实例比比皆是。

从自己的设计实践看，让我感到十分幸运和高兴的是几个主要工程的设计班子成员都十分敬业，各专业配合也很默契，对于工作有着共同的目标，并且在条件艰苦奖金很少的情况下，仍然任劳任怨，不讲条件，加班加点，这让作为工程总负责人的我，既十分感动，也万分感激，没有这一班人的齐心一致，是不能圆满完成任务的。由于对每一项工程，都有较为详尽的国内外资料和信息，通过分析也容易形成共识，并努力在共同认定的目标上寻求突破。如在建外国际俱乐部，除了自由的平面组合成若干内院，立面上插枋形式的探讨，在室内装修风格上，力求简洁并与艺术家合作形成浓郁中国特色，如二层的仙鹤厅曾长期作为外交部新闻发布会的场所，背景的镶嵌白鹤就是由艺术家彦涵等所创作的，另外还初步定型了一批新型灯具，促进了行业的进步。在国家奥林匹克体育中心，除了体育场、体育馆、游泳馆和练习场馆的功能和造型外，针对其总体布置，探索建筑群体的新型组合方式，交通的人车分流和无障碍环境，整个场地的环境艺术和景观处理等都是预定的目标。到了首都机场2号航站楼，除了在外部造型上作过各种形式的探索外，重点更多地在于室内空间，如注重以人为本，内部空间并不一味追求高大，而讲究空间的高低的变化，具有亲切感，结构形式的简洁，注重内部的节能和自然通风采光（方便的自然通风在“非典”期间大显身手）。注重照明的艺术性和实用性。到宛平中国人民抗日战争纪念碑则着重探讨重大题材的纪念性建筑的全新表现方式。由于有较明确的努力目标，因此在实现过程中能有的放矢，保证在预定的目标的领域有所突破或前进。

尽管我们的大部分工程都获了奖，在获奖排名中我都排在第一位，但我自己很清楚，我并没有那么大的能耐，没那么高明，主要是在我身后有北京市建筑设计研究院和我们的设计团队，有整个设计院作为后盾和支持，脱离了这个平台，是不可能取得这些成就的。从著作权法的角度看，设计作品的著作权应属于单位，因为我们是职务创作，因此个人仅享有署名权。像北京市建筑设计研究院这种千人以上的大型设计企业，在国外是属于组织型的事务所，就是要依靠团队和组织的智力优势来形成其基本竞争力，而不单纯寄希望个别的明星，即使有个把明星，那他也只有在优秀的团队和组织的土壤中才能脱颖而出，这就像美国的SOM、KPF，日本的日建设计、日本设计等一大批大型事务所可以较长时间保持其创造力和竞争力。国外的许多著名的明星事务所在实际运作也在不断吸取发挥团队智慧优势的运作方式，个人的色彩越来越淡化。从这点出发我不太同意此前有一种观点，即中国就因为没有明星事务所所以建筑水平才提不上去，其实无论是组织型还是个人型的创作机构，关键都是如何寻找适合自身的创造机制，以最大限度地调动每一个设计者的智慧，并通过设计全过程的创造，取得更为理想的结果。

与我们那个时代相比，现在设计行业的大环境更好，建设规模更大，机会更多，国内外交流的机会更多，设计手段和设计方法都有了更大的改进，材料和表现手法有了新的飞跃，信息渠道更为通畅，设计行业也得到了更多的重视，但相比之下，竞争更激烈，要求更高，完成一项工程所支付的智力和体力更为繁重，困难更多，为适应市场的严格需求需要付出更多的精力，城市和建筑会变得更加美好。

2007.7.30

我与建筑——学习·教学·实践

关肇邺

1929 年 10 月生于北京，1947—1948 年就读于北京燕京大学理学院，1948—1952 年就读于清华大学建筑系。1952 年毕业至今在清华大学建筑学院工作，清华大学建筑学院教授、博士生导师，1995 年当选为中国工程院院士。2000 获“全国工程设计大师”称号及第一届“梁思成建筑奖”。

近些年来常有一些媒体的记者来采访。我最怕的是他们要你谈谈或写写“成才之路”一类的话，自然是针对青年学生的。因为这种文字无非是希望你以自己的体会证明“成就”是“一分天资加九分勤奋”，而我却是既无天资又最不勤奋；或是希望你能喊出“老牛自知黄昏晚，不待扬鞭自奋蹄”之句，这可能是针对中老年朋友的。而我虽是过了退休年龄还在干，不过是按规定没有退，做一些力所能及的事而已，我自知实在谈不上有多少成就。作为教师，近 50 年来当然有不少学生，他们遍布全国各地和东西各国，倒真是遍及天下的桃李，这该称是主要的成绩。当然，结合教学工作，我也主持或指导了一些建筑设计，并写过一些表明自己设计观点和理念的文字。现在新世纪开始了，又值清华大学建校 90 周年之际，经有关方面的建议和督促，把一些建筑设计和文章选编成册，算是对过去半个世纪的一个回顾吧。

建筑是遗憾的艺术。每项设计建成了，总会留下许多无法弥补的缺憾。

这样一本选集，就是一个集大成的总遗憾。当然也可看成是对将来工作的一个鞭策。对青年读者来说，则是一面可以借鉴、有经验、有教训的镜子。为此，我亦对自己的过去作一些剖析，或可对读者起到更好的借鉴作用。

我父亲是清末甲辰进士，年龄长我近 50 岁，我是他最小的儿子。他的各方面似乎都离我们兄弟姐妹太远了，所以思想交流也不多。但是在以他为主的家里，那强烈的、传统的、大部分是封建文化的环境和气氛，无论是物质上的或精神上的，都不能不对我们产生潜移默化的作用。这在以后也就自然地影响了我的建筑观的某些方面。

以物质环境来说，我从出生至读高中这段年代，绝大部分时间是在北京一座四合院式住宅中度过的。它位于南池子南口的一条胡同内，与东长安街的直线距离，不过百米。其中有不少院落和庭园。我幼时身体瘦弱，不喜欢活动。有段时间家里派人带着，每天或隔日到中山公园散步（我父亲作为董事，有一张不限时间人数的游园票）。由我家到中山公园有两条方便的路：一是出南池子拱门而西，穿过长安左门（后来拆除的“三座门”），沿天安门前金水河走进公园的南门；二是先由南池子的中部进入太庙，穿过松柏林，经午门前的两座阙门而进入公园的后门。无论走哪条路，伟大的建筑艺术的震撼力，都会给我的思想刻上深刻的印记。犹如小孩子背古文和诗词，读时不懂，但能记得住，年长以后才逐渐了解它的含意并感受其艺术的熏陶。这些潜在的感受对以后我之建筑观念，具有深刻的影响。

父亲的老同事、留法归来娶了法国太太的老工程师华南圭先生（华揽洪先生之父）常来家作客。他认为我家的房子按欧洲的标准衡量太不实用，就帮我家把这四合院的一些部分做了改造：把前院的一处九间“勾连搭”房中的两排柱子取消，换了勺跨结构，成为一个无阻碍的大厅；我们生活常用的后院的一圈抄手游廊则全安上了玻璃隔断，使冬天不必出户而来往于正房厢房之间，并且安装了两套新式的卫生间。这些在 20 世纪 20 年代的北京都是很少见的。抗战期间，我家原拟南迁不成而留在敌占区。父亲坚持不做敌伪的事而没了经济来源，就靠出租住房来维持一家生计。这就需要把住宅隔成几个区，每区自成格局，有大门、院子、前厅、住房和厨房卫生间等。以最少的工程量而达到这样的目的，实际是个非常有趣的联系实际的建筑设计课题。一般由母亲操持，我们兄弟姐妹丈量画图，直到找到房客，将房子顺利租出去，我们也就乐在其中，对建筑与生活的关系，开始有了初步体会。

在抗战前一年，我随父母到南京去读书，住在南京政府铁道部新建的院内。住宅是讲究的新式楼房，和相邻的办公大楼一样，洋楼上有琉璃瓦的大屋顶。铁道部和交通部隔着中山北路相对，都是巍峨壮观的复古式大厦。这段时间也看到不少当时“首都计划”中的许多“宫殿式”建筑，包括中山陵。这些都对一直住在北平未见过洋房的我形成巨大的视觉冲击。

在我小学毕业之前的一个冬天，家里进行照例的“扫除”时，我在平时不去的阁楼上发现了一只尘封多年、形状古怪的箱子，箱盖隆起，有铁皮加固，只在电影中海盗船上才见过的那种。我父亲曾在1905年受清廷派遣随“两大臣”有过一次出使九国考察政治的环球旅行，这是他带回的部分东西，箱中装满了近百本图册，都是欧美各大都市的城市建筑图景。它们画幅很大，装帧精美，其中所显示的都市风光、宫室建筑令我大感兴趣，以后我便常去翻看，从而得知世界上竟有这么多壮观精美的建筑，玉笋般的米兰大教堂、气派的凡尔赛镜殿、歌剧院的大扶梯、维也纳的夏宫以及芝加哥的高楼等等，无不令我叹为观止，感到不可思议。我又喜欢对照地图了解这些形象所在位置而依次神游其中。以后经过多次沧桑变故，这些图册均未能保存下来，但它们对我至今犹有很深的印象。近十多年我几次出访欧美诸国，我对某些城市街道广场建筑的了解，常可胜任同行者的导游，令他们误以为我已来过了，其实我也是初次。人们往往是先由图片上初步认知那些著名建筑，但那是二维的、静态的，及至有一天真的身临其境，有了全方位的动态的表里兼及的观察，这时印证了又纠正了许多自己原来的认识，既熟悉又陌生，笼罩在强烈的建筑空间的氛围之中，那种难以言传的快感，才真激动人心。在后来我初到拉萨，经过8天路上翻山越岭的旅程，绕过最后一道山口而突然看到在夕阳照耀下布达拉宫那群金光闪烁的屋顶时，就产生了那种难以名状的快感，为此我在一篇短文“天外云香”中便谈到了这种感受。在以后凡有机会亲自面对名建筑时，总会感到这种特别的享受。

在解放之初的许多政治运动和思想改造运动中，对于自己的家庭出身总以为是充满了消极影响，以后逐渐感到应当一分为二。今天则看到幼年时所接受的影响中，积极成分还是不少的。在决定学习建筑专业以后的初期，更受到了梁思成、林徽因二位先生的启蒙教育，令我对建筑深感兴趣并得以逐渐步入其堂奥，窥见建筑学这一百花园中的“宫室之美、百官之富”。两位先生的言传身教中最富于感染力的当属他们对建筑文化无比的真挚情感和广博学识。我在“忆梁先生对我的教诲”（为纪念梁先生85年诞辰而作）一文中有所叙及。这里再补述二例。初上大学，梁先生在和新生见面时有过一次谈话。

除去一般地讲了建筑学是什么以及如何学等之后，有一段话给我印象最深。大意是，祝贺你们选择了建筑学，学建筑的人非常幸福. 他较别人有更多发生兴趣和精神享受的机会。在夕阳下的颓壁残垣、断碑古井旁，别人感到无兴趣的地方，他却能在其中看到极美。有许多事物可以研究思考，引起无穷的遐想，陶醉于其中而流连不能离去……又有一次梁先生与我们谈到专与博的问题，说明二者不可偏，并以他自己为“戒”谈到，“我自己就太杂了，什么都有兴趣，都花了许多功夫。对历史、文学、绘画、书法都下过功夫，很懂音乐，曾是清华军乐团的合格指挥；能吹小号、奏小提琴和钢琴；有一段时间对中国古代雕塑进行过深入的研究，并打算写一本《中国雕塑史》；甚至当我迁居到东总布胡同新宅（一处四合院）时还决定在客厅的一面大墙上亲手绘一张壁画，并已画了几个星期，后来因实在挤不出时间来而放弃了……你们不要学我什么都想搞而最后一事无成”（大意如此）。话虽这样讲，但实际上对我们影响最深的，令我们最为崇敬、向往的，还是他那广博的学识、深厚的文化修养和严谨的治学态度。当然，同样令我们崇敬、向往的还有林徽因先生，她对我们的影响，除去学识之广博、文化修养之深厚之外，还要加上那令人炫目的才情。在我的青年时代有幸受到这二位大师的教诲，受到他们那种无法抗拒的魅力的感染，真令我终生深深受益（参看拙文“忆梁先生对我的教诲”）。

毕业48年来，始终在清华任教。虽然在这期间完成了一些建筑设计工作，也建成了一些建筑，但我的身份始终首先是教师。因而所做大部分建筑，便或多或少加上了教学色彩。一是反映在量上。“文革”以前由于没有带研究生的经历，除去有三年曾参加过校内建设外，其余至多是给学生改改图或涂些不建的方案。“文革”十年间更是连这种心情或机会都没有了。但是从1978年以后，随着研究生教学的需要和社会的需要，做设计的数量便有逐年上升的趋势。二是设计项目的选择性。每位研究生在学期间2～3年，初来时以学理论课为主，毕业前一年左右则要全力去写论文，剩下学设计的时间有限，为了尽可能联系实际，总要选择真实项目来做，因而在这不长的时间里只能有什么做什么，选择不能太如意。三是关于方案的构思。将心比心，当然知道学生总希望被采纳的方案能出自自己的构思，这可大大提高学习的积极性和工作的主动性。因而我常让学生去草拟最初的方案，且在发展的过程中，只要不是有很大原则问题，总尽可能保留其基本想法，只稍加改进和润色。有的属个人性格爱好，无所谓高低，即便我自己不太喜欢的，也尽可能加以保留。当然，若遇到必须推倒重来的，或由于时间所限，不宜再长期多方案探索而须我自己提出方案者，也往往是加以暗示、引导，促其向某个方向发展，再加上动手提高改进，最后达到成熟，使他们对方案演进过程，有所领悟并自然地接受。

在大多数情况下，学生在完成方案设计后，即按教学计划进行论文或其他环节的工作。虽有少数人可以继续参加部分深入设计或施工图工作，但基本上工作将移到设计院去完成。无论是在本校的或外地的设计院，将有大量琐碎的后期工作仍需我的参与。这些过程，消耗了大量时间和精力，而真正源于自己的创意的并不多。有些建成的项目，若其基本构思出自学生之手而我又未给予决定性的大改动，则在有发表的机会时，总按实际情况将学生署名在前。

有的同志说，我应该改变这种"低水平重复"的状况，集中精力搞些精品出来。但我却认为这是我的职责所在，令学生有较好学习条件，为他们所接受、所欢迎，能有较多收获和提高是最重要的。而且在这过程中，亦可从这此青年的笔下，看到许多虽不成熟但很丰富和有生气的构思和想像力，对我也是一种营养。同时将自己对建筑设计的基本理念通过对他们的构思的评论和如何改进的探讨，传达给他们，做到教学相长。经常涉及的主要有以下一些方面：

关于建筑设计中的个人风格

有一次大约是在20世纪80年代初，"青年创作小组"在武汉开会。我和几位较年长的建筑界人也应邀出席。那次会的主题是讨论如何冲破各种传统束缚，探索创作中国的新建筑。其中一个话题是提倡个人风格问题，与会者大多对此表现了强烈的要求。主持人邀我发言，我竟一时语塞。当时确实未考虑过这个问题，且就我的一般倾向而言，也是不赞成太强调突出个人风格的。但这既是大家的热烈话题，显然还需要进一步想一想，不能简单化。

提到个人风格，总会令人马上想到爱德华·斯通。他自从在美国驻印度使馆上用了大挑檐、新的古典构图和大面积金属花格而一炮走红之后，就成了他的个人风格中最重要的因素到处用。布鲁塞尔美国馆上满布的花格和大挑檐如果说还有代表国家因素的话，那么斯坦福大学出现那群白花格建筑，就只能说完全是为了表明设计人不是别人而是斯通。以后在他在纽约的住宅外边从上到下4层楼被整套斯通式的花格罩住，成了不必写字的个人广告。一想到这些，对于"个人风格"便会大倒胃口。其他如玛利奥·博塔、李祖原等人，无论到哪里，总是以那样一副面孔强加给城市和社会。对此，我们是否应去积极提倡、去鼓励青年建筑师设计一种自己的品牌，不论地点、条件地去推广呢？我是很怀疑的。

但是建筑作品某种程度地表现出个人风格、气质或品位，又是不能避免的。这和建筑师个人的背景、经历、文化素养等等的总和有关，而青少年时代所受到的各种影响、熏陶则更具有深刻意义。

F·L·赖特的作品是个很明显的例子。他从事建筑设计60多年，建成的和停留在纸上的方案各二百多项。由于跨越了几个时期，建筑材料和技术有了很大发展变化。他的建筑都成功地、创造性地反映了这些变化，因而其形式均不相同。但熟悉他的人都会看出其作品始终贯串着一种独特的气质，一种"赖特风"。

贝聿铭的建筑总是在现代主义的总纲之下，根据不同内容和环境而各有创意。近20年来更可从香山饭店、香港中国银行的底层及园林小品、纽约的四季饭店和日本美惠(Mihn)美术馆等看出其加强了与地方、与传统的关系。但不论是前期之简洁抽象或后期的较为复杂具象的设计创意都贯串着一种周全、文雅而细腻的气质，绝无许多现代建筑的疏野粗犷，可以说他在青少年时代所接受的中国文化传统，特别是江南一带书香门第所赋予的影响和熏陶，不是时间所能消磨掉的。中国建筑师中我们所熟悉的，前如戴念慈，现在如布正伟，也都有明显的个人风格。"文如其人"，建筑也如其建筑师。

有些建筑师的作品，并不只是自然地反映其个人的文化品位，而是有意强烈地追求一种属于自己的独特风格。在标榜个性至上、创作自由的西方社会里，这种纯从个人出发的建筑，在一些媒体的鼓吹下，便大行其道。近年在伦敦维多利亚与阿尔伯特博物馆侧翼的扩建设计中，李伯斯金将一堆歪七扭八奇形怪状的玻璃垃圾严严实实地塞进两边是严整古典建筑构成的豁口之中。我在1998年问过大英博物馆馆长和纽约图书馆馆长对此有何看法，一个是摇头叹息，一个说但愿它最终建不成。2000年我在斯坦福大学看到在斯通所设计的医学中心旁边，又扩建了一座"临床科学研究中心"，建筑师是诺曼·福斯特。60年代斯通以自己的花格、柱廊品牌放进以红瓦拱廊黄墙为标志的斯坦福校园里，而福斯特又在90年代把一大堆带有"高科技"杆件的、他自己品牌的玻璃大盒子贴在斯通大楼的旁边，真是"一报还一报"。

我问了使用此楼的亚瑟·柯思伯教授和保罗·伯格教授（都是诺贝尔奖得主）有何看法，回答都是极端否定的。他们批评建筑师对于建筑功能一无所知，却在推销大家不喜欢的形式。

当然不能从几位有影响的人的意见就得出什么结论，但我总以为建筑虽是一项艺术创作，但究竟不同于绘画或诗文，它需消耗大量社会财富并影响环境质量。因此建筑师不应该也无权把它单纯地当成为个人的艺术创作，将个人品牌形象拿来强行推销于社会。

另外，一位对社会负责任的严肃的建筑师应重视建筑的教化作用。在我们的社会里，更需要健康的、明朗的、具有整体感的、有秩序的建筑和建筑群体；富于文化内涵的、有时代精神的建筑形象。这些会给社会成员以鼓舞，相反的情况下，效果也相反。例如在非商业性建筑上表现过多商业化倾向，如虚伪、夸张、炫耀等，这将对社会群众的意识起到某些负面影响。

关于建筑与环境

我们初学建筑时，梁思成先生就开宗明义告诉我们，建筑就是体形环境。大到城市、园林，小到室内家具，建筑学就是设计环境的。这观点是令我终身受益的启蒙。

在另一方面，当我开始认识事物的20世纪30年代，主要生活在北京，在四周的体形环境均笼罩在大的统一之下的老北京。每日所见总是互相穿套的四合院落、曲折的胡同、重叠的灰色院墙屋顶和墙头伸出的树，特别是在故宫、太庙、天安门附近所形成的气氛之中。那是一个同质的、统一的、有秩序、有主从的环境。作为小孩子，长期生活在这种单调的环境中当然很有兴趣于新事物。所以那时每年春天清明节将临的时候，总是盼望着一年一度的去给祖父母扫墓。那就可以在郊外住上两三天，看山、村、树、驴。但这些新刺激对意识的影响，自然远比不上每年三百多天的熏陶或者说思想的禁锢。这很可能造成以后做建筑设计时思路严谨统一有余，而活泼浪漫不足的总倾向。

西萨·佩里说，他认为建筑设计应遵循这样的规则：总体环境重于个体建筑，个体建筑重于建筑师。我是很同意这个提法的，也符合我多年来的实践。我建成的设计散见于重庆、昆明、海口、兰州、曲阜、泰安、广州、大连、徐州及北大、清华的校园之中。这些建筑虽然大多内容相近，都属于文化教育类，但其形象之间均有较大距离，初初看去很难认为是出自一人之手。

这是因为我总希望在老环境中找到一些因素，使其成为新设计的依据，而新建筑都能较好地融于其中所致。

为初学者出习作课题，常有一这样的说法：将环境条件定得宽松些，以使它容易些；或索性不做规定，以便任意发挥。在设计做了几十年之后，我这“难易观”反而倒过来了。在环境极宽泛的类似“新开发区”的地方做设计，反而不知该如何落笔，倒是在有严格具体的环境条件下，容易形成合乎逻辑的具有创意的构思。在设计清华大学新图书馆时，曾有两处地段可以选择，一是放在清华东区主楼之后的中轴线上，这里地方宽阔到几乎没有限制，建筑可以搞得很“气派”，惟我独尊。二是建在老图书馆之西侧，并与之相联。这里管理集中，并可将老校区填补完整，但建筑必然受到很大限制。二者如何选择，在使用方——图书馆、建筑系教师和校领导等关心它的人中间产生了很大争论。最后确定为建于老馆之旁。校领导向我说，“这可给你出难题了”。其实我心里却想，这样才较容易，若放在另一块空地上，还真不知该如何着手。2000 年春海南大学许校长邀我为该校拟一个教学楼方案。此楼位于早些年我所设计之校图书馆的斜对面。此地在 10 年前原拟建电化教育楼一座，且已施工至首层柱顶。后因故停建，形成一群没于荒草中的断柱残垣，被称为“圆明园”。虽然拟建新楼与原电教楼之规模和内容都变了，为免浪费，校方提出应尽可能利用现有柱网，并希望新楼在风格上与对面的图书馆协调一致。许校长表示由于条件太苛、难度太大，所以才特邀千里之外的我来解决。其实这些条件反而令我的思路大为集中，无需做一些不切实际之想。此案即交给一位研究生去构思，经稍加润色即取得令海大领导满意的方案。古人云“穷而后工”。这有二解，一是说文人处于穷困，诗就写得好；二是说做诗的条件苛刻了，诗就写得好。我取后者。曹王令曹植七步题诗，讲他们兄弟，但不得有兄弟字样，这条件多苛！而也正因此写出了千古名句。做建筑设计也一样。如果条件空泛，怎么做都成，就容易出“大路货”。只有当条件具体而苛刻了，包括要和特定环境紧密关系这一条件，才容易做出有特色的设计。人们很重视“创新”，我想这是很重要的，不应总是千篇一律，没有发展变化，但“创新”不是简单地求新求奇、异想天开，以自己独特的方式恰当地解决了建筑与环境的关系是创造性最好的表现之一。

对环境尊重与追求和谐的理念，并不被普遍地接受。就多年来所接触到的情况看，这种追求和谐的理念常可被非建筑专家即社会一般群众所认同，相反的看法倒反而多出自建筑家（当然也不尽然）。我想这可能因为一般人更容易从直觉的美感出发看问题，而一些建筑专家则要考虑某些理论因素。20世纪处于主导地位的建筑理论是现代主义，其核心是技术和功能，而且是排他的，这就形成了不同理念之间的对立而不能相容。20世纪中期的现代主义者认定自己的理念代表了大方向，历史上的东西最终会不留痕迹地在大地上消失，那么与它们保持某种和谐对话关系显得就毫无意义了。虽然在后半个20世纪中各种思潮蜂起，现代建筑本身也有了很大发展和变化，世界建筑的总趋势已走入多元化状态，但是不同理念之间的对立和互相批评，是不会停止的，开展建筑评论是正常而有益的。

中国的建筑评论活动开展得并不热烈。如果有，也多是赞扬的，碍于面子吧，批评的很少。但我有幸接受到几次较尖锐的批评。大都是关于没有“新创意”的。如说清华图书馆是“亦步亦趋”地跟着环境走，如批评北大图书馆上用了歇山大屋顶等。这些确是代表了不同的理念，即以北大而言，新馆设计于极力鼓吹和推行“夺回古都风貌”的陈希同刚在政治舞台上消失之时，建筑界正在大批大屋顶、小亭子之际，该如何处理这个建筑形象确是一个敏感问题。我以为建筑构图自有其客观规律，考虑问题不应以一时风尚为准。在此四周建筑都是传统大屋顶，而图书馆作为这一群体最终加上去的中心建筑时，在形象上不考虑与周围建筑呼应甚至某种程度的一致是不可想像的。当然，在具体处理时，要在环境协调与时代精神之间找到平衡。这是个艰难的任务，必须努力去面对而不能以简单化的办法处置（参见拙文“百年书城，一系文脉”）。但在它建成了几年之后，一位著名建筑评论家在谈到此北大新建筑时，以赞赏的口吻提到此群体的一些外围建筑已设计成各种不同形式的屋顶，而图书馆的设计“又一下子把它拉了回来”，其遗憾之情犹如惋惜初见成效的戒毒者又复吸了一样。其对建筑造型求新求异的追求远胜于对环境的尊重和对建筑群要和谐统一的理念。这是我所不能接受的。

关于建筑和技术

现代建筑之最重要的成就之一是阐明了建筑艺术和技术的关系，即建筑应尽量利用新技术以收其节省、高效之利，同时建筑应表现技术并形成以技术美为主导的审美观。这导致在20世纪多数时间中，世界上大部分地域所见到的那种明朗健康的、坦诚清晰而不矫揉造作的、高效而节省的建筑风格。当然这不只是一种艺术风格，它是一套和功能、空间布局、材料技术等紧密结合的设计理念和方法。它是建筑发展史上的一次大革命，其影响之所及不只是整个 20 世纪，还将长期地继续下去。今后世界建筑正在多元化的道路上朝不同方向发展，但现代主义的这些核心原则，将永远是其重要基础。

由于从 20 世纪之初起到 70 年代末，中国就一直在经济落后、战事频仍和在意识形态受到控制的状态下度过，中国建筑界就其整体而言，没有一段较大规模的现代建筑的实践机会，所以从未将现代主义的精神“吃透”。有的至多是个别建筑师所做的个别作品。今天西方建筑又有了许多变化和发展，有的看似离开现代主义很远了，但由于他们是经过那段历史过来的，其精神许多还是一脉相承的。而在中国，建筑们虽然在接受、模仿一些世界的新潮流，但往往是有形无实。这和我们就整体而言没有经过现代主义的洗礼有关。有的人提出“补课论”，我以为是有一定道理的，虽然在实际上几乎不可能。我常和学生讲，希望他们不要把太多的注意力和兴趣集中到一阵子的时尚建筑上去，重要的还是努力打好理性的基础，主要是现代主义建筑，以及中西古典。

新的技术总是推动建筑向前发展的主要动力。20 世纪的建筑始终是由技术在扮演主角。人们的感情总是在享受现在的同时，或怀念过去，或憧憬将来。对于将来是什么样子，最为容易想到的，就是科技的飞速发展和它给社会带来的物质变化，就是一大堆类似今天高技派建筑所组成的“未来世界”，建筑圈内和圈外的人们很容易形成对技术的无条件崇拜。在运用新技术以达到更佳功能、更舒适、更高效率和更节省的同时，也出现了为了用而用新技术，为了表现炫耀而用新技术……的倾向，以致有许多时候因此而大大提高了造价和运行费用，完全违背了运用新技术的初衷；或者在技术经济尚未达到必要的水平的发展中国家里，出于对新技术形象的盲目追求，勉强以传统技术手段去模拟新技术的形象，既达不到好的效果，也不合现代主义艺术与技术有机结合的原则，为有识者所不取，真是一无是处。

对于技术，有论者说：“一方面，人类的力量（指科学技术的发展）不断增长，但是如何运用这种力量的智慧却没有增长，这就使得人类的未来已充满了各种各样的可能和变数。自然资源的过度开采、核战的阴云、前途未卜的信息技术和基因技术……人类正遭受着自己的强有力的挑战……”在建筑业，像是人类社会的缩影，缺乏如何正确地有节制地使用这种能力的智慧。在 1999 年第 20 届世界建筑师大会上通过的《北京宪章》说：“技术是一把双刃剑，它正以其一个刃为人类披荆斩棘，开辟通往未来之路；另一个刃却在伤害着人类自己……”

应如何认识这个问题呢？其实在建筑史上曾有过类似的过程。在约600多年前的中世纪之末，建筑技术发展到很高水平时所产生的哥特式风格开始转入了文艺复兴时代。人本主义取代了神权文化，技术在建筑中的突出位置让位于技术、艺术、物质生活和文化生活的全面提高；瘦骨嶙峋的哥特建筑让位于富于人情的、明朗优差的文艺复兴建筑，这是建筑史上伟大的一页。

在建筑设计中，最重要的是要有一个度。要全面地提高，而不应只突出一个方面、强调一个因素。要把技术进步对建筑的贡献放在一个正确的位置上，像绝大多数普通人所自然认识的那样，而非少数建筑师所表现出来的偏见。

1992年美国《建筑记录》杂志所公布的一份读者意见（大体可认为兼具业内外人士之代表性）显示，对“20世纪最重要的百项建筑”的选择排序中，流水别墅名列第一。在145座人选建筑中，莱特的作品共12项，为个人入选作品最多的，多于排第二的柯布西耶（7项）近一倍。其他人选较多的为密斯·凡·德·罗和路易斯·康，都是5项。当然在这百年中影响最大的，可能应推密斯。著名记者汤姆·沃尔夫称他“把半个美国放进了玻璃盒子”。这是单纯追求技术、表现技术的结果。然而到了世纪之末，人们冷静下来全面回顾之后，就不止是着重一时的时尚而更多地看重建筑的全面价值。流水别墅一方面表现了当时（20世纪30年代后期）的一种新材料——钢筋混凝土，同时极大地塑造了自身造型之追及与环境结合之美，以及对融入自然的生活情趣的追求。

近年来一种新的建筑理念已经放弃了对建筑永久性追求的同时，也就自然地认为建筑无需追求完美与和谐。诚然，由于技术的发达，现在建造再大的建筑，也不需以前那么长的工期和那么多的人力。在地价昂贵的繁荣地段，其地价可能高于建在其上的巨厦。为了取得更大收益，轻易地将大厦拆除重建以追求更大容积率的事已是司空见惯了。这种建筑寿命的短暂性，使建筑的传统观念，追求完美、追求永恒、追求与环境的和谐等变成了没有意义。追求的只是快建快获利，需要时再快快拆掉。当前按这种思潮指导设计建成的建筑虽然只是少数，而且随着环保意识和可持续发展意识在人类社会中的增强，它亦不可能长期地扩大其影响范围，但它演绎出来的观念特别是建筑艺术观念则可能是深刻和长期的。现在世界已进入多元化时代，多种理念和风格并存不悖已深入人心。上述观念虽然来势很猛，极易为技术至上主义所影响下的社会所接受而有所发展，但我相信它仍然只能是新世纪中多元中的一元，随着人类进入更深更高层次的发展阶段，更全面更完整的建筑观念将永远成为发展的主流。

关于节约

人们最早接触并形成的观念常常是先入为主，长时间起作用的。我最初参加实际的建筑设计工作是在1954年末，那时建筑界刚批判了复古主义和铺张浪费，在向另一个极端走，提倡建筑要从总体到细节均以绝对的节约为准则。我们做设计都是在为减少每一平米面积，每公分层高和室内外高差，减少每立米混凝土或砖砌体，以及尽可能减小木门窗料的断面等等而奋斗。1956年春我受命主持设计清华大学主楼。虽然这是当时一项很重要的“标志性建筑”，标准可适当提高一些，但总的节约原则仍是最重要的。从实践中认识的观念是最深刻的。这段实践就成为“适用、经济、在可能条件下注意美观”的政策的最具体的体现，并成为以后自己设计观念中不可磨灭的一部分。

近20年来，我国建筑业的发展之快，令人头晕目眩。其规模和质量标准提高得太快而设计质量却没有相应的提高。许多地方钱花得令人心疼。周围的一些建设项目，与自己直接或间接有关的，根据甲方或领导要求的装修标准，常令我思想跟不上。和以前建筑师常抱怨由于建筑标准太低，令自己发挥不出来的状况，真是反过来了。

现在经济空前地发展了。还像40年前的“因陋就简”、“矮小窄薄”，固然是不合适了。但我总认为当前其势不小的求大求洋之风，有相当一些实在是离了谱。大至城市的大广场、大马路，小至各类室内装修。就全国全社会来看，需要用钱的地方还很多。许多方面，如教育，还急需大量地投入。这种不平衡状态负面影响是明显的。从建筑艺术角度看，这些华而不实的建筑，许多表现为绣花枕头式的或虎头蛇尾式的，只能远看、外看，不能近看、内看。建筑是社会生活的有机组成，当设计水平未能相应提高而使用了“大手法”、“新创意”和豪华材料时，给人以丑人作怪、涂脂抹粉之感。其效果恰是更加倍地反衬其设计水平之低劣，反不如老实朴素一些看来舒服。在建筑设计中，最重要的是要有一个度，即准确掌握分寸。这点对青年学生讲，尤为重要。在学习之初就应树立一种较全面的观念，适用、经济、美观应很好地统一起来。

为了使学生有一个高标准的奋斗目标，我常借用大家论画的分级法来谈建筑。建筑可分为四等：产品、作品、精品、神品。“产品”是简单为了完成任务，敷衍塞责之作。应该杜绝以这种态度来做设计，它对人对己都没有好处。

“作品”是真正当作一回事，有兴趣、有追求而做的。“精品”是背负着责任感、尽最大努力的创作，从全局至细部都应一丝不苟、反复推敲、精益求精。每位建筑学生、建筑师都应树立精品意识，只要认真去做，是完全可以做到的。至于“神品”，那是一种可遇而不可求的事，有些像王国维所说的“蓦然回首，那人却在灯火阑珊处”的境界。欲达到这样的水平，只是努力学习建筑还不够，还有赖于多种外围文化的熏陶滋养，以及思想、品格、情感、胸襟等的全面提高。正如“神品”之画，不只在于画家的眼和手，还有赖于其思想境界，诗中的“神品”亦不只在作者吟诗之技能本身，而“功夫在诗外”一样。

原来论画的说法，还有比“神品”更高的“逸品”一级。我的想法是不必完全照搬到论建筑中来，不应将建筑完全等同于纯艺术来看待，就将这一级免了。这样提法对建筑学生尤为不利，还是引导他们踏踏实实努力多做些“精品”为好。

我自己今后还要尽可能多做些建筑设计创作和研究工作，但从长远来看，主要只能寄希望于青年建筑师和学生。与我们当年相比，他们有更广泛的基础，更好的学习条件，更开阔的眼界，更多的机遇和挑战。在他们的笔下，必定会有许多建筑“精品”甚至“神品”的建成。我热烈地期待着每一项成果的出现。

（摘自《关肇邺选集 1956—2001》，清华大学出版社，2001）

学到老，到老学——只有民族的才是世界的

蔡镇钰

1936年生，常熟人。1956年毕业于南京工学院建筑系，1963年获莫斯科建筑学院建筑学博士学位。曾任华东建筑设计院总建筑师，1994年评为全国勘察设计建筑设计大师，现任上海现代建筑设计集团资深总建筑师。50多年来，主持过大量工程的建筑设计，获奖20余项，发表论文60余篇并培养博士及硕士多名。

说自己，比较难，也比较容易。说容易，就是没有什么内容，就少说一点；而难的，则是在没什么可说的情况下，还要谈一点。

时光匆匆，从事建筑创作一挥间已是50多年过去了。我本着“学到老，到老学”的精神谈一些有关自己的建筑创作。在创作方向上我是“只有民族的才是世界的”这句名言的追随者。在某种程度上我的建筑创作在力所能及的范围内是沿着这条轨迹成长的。自然，探索中也一定会有不少缺点，请大家多指正！设计得好不好是水平问题，而对不对却是一个方向问题。在对待民族文化问题上有一种观点认为，随着生产力的不断发展和文化交流进程的扩大，民族和民族文化的界限就会逐渐消失，甚至灭亡。我的看法是这种现象是不大可能的。我认为，只要客观上依然存在着不同的民族、历史和文化背景、地理条件和不同的生产力发展的水平，各个民族的文化只能是得到升华并向更高级的形态发展。如果我们所追求和向往的新世界是一个大家都

吃一种牛排，住一种玻璃房子的话，那么这个世界是不堪设想的！“只有民族的才是世界的”并不意味着我们不需要吸收外来文化的长处，相反，我国五千年灿烂辉煌的民族文化的形成，其原因也就是在各个历史时期不断吸收和融入了外来文化。对外来文化是要吸收融合而不是盲目照搬照抄。要创造新的中国建筑风格必须首先满足时代的功能要求，在文化内涵上、地域生态上和应用新技术的基础上进行塑造而决不是去仿古和滥用建筑符号。每个时期的传统建筑都是当时的社会文化、材料和营造方法的反映，而绝不是一成不变的形式，这是必须严格加以区别的。

近年来提倡的“全球一体化”也绝不能是指国家、民族和文化的一体化，而只能是指某些机制的一体化。它应该有助于各民族经济和文化的进步和繁荣。

回想起来我所以能在“只有民族的才是世界的”这种观念下不断学习和进行创作实践是和我在童年和青年时代受到中国文化的熏陶分不开的。

我出生于江南的小城常熟，家乡素有十里青山半入城的秀姿。虞山蜿蜒地从西北角伸进了城区。城中的七条弦河又围着北宋的方塔奔腾不息。家乡从战国时期就有历史并且文人和画家辈出，国画史上的虞山画派在元、明和清代就有代表人物。清代也有过支持康梁变法的政治家。故乡永远是我心灵里的诗，只要我闭上眼睛就能感到春天虞山顶上辛峰亭的清风、秋夏之交桃园间的潺潺流水、万松林的松涛声、兴福寺的钟磬声和三月三的庙会……美丽的故乡和浓郁的民族文化在我幼小的心灵里播下了种子。十七岁我带着稚气考入了南京工学院建筑系。南工老师打开了我第一扇通往设计殿堂的门扉。20世纪60年代在赴苏学习期间，广袤的俄罗斯原野、闪闪发光的白桦林和精湛的文化艺术更扩大了自己的视野。普希金的诗句永远回荡在我的心里……

70年代的援毛里塔尼亚国家体育场设计中运用了适合于当地热带沙漠气候的外封闭内开敞的形式，阻挡了沙漠的侵袭，优化了局部的生态环境。在体育场正面的墙上，采用了毛国的贝壳混凝土作为装饰，使体育场具有了毛国的特点和风采。同时设计的成衣厂也具有热带建筑的韵味。

20世纪的80年代设计的上海电信大楼，力图在布局及高层建筑的造型上体现江南地域特色。电信大楼地处人民广场，远观近瞻均有要求，在总体布局上结合派送电报的功能采用了廊院形式。主楼高层建筑在我国通信建筑中首先打破了多年沿用的线路长、耗能大的长条形建筑，而代之以筒中筒高层点式建筑。顶部的通信塔楼与下部塔楼间做了一层安放微波天线的架空层，

毛里塔尼亚伊斯兰共和国国家体育场

较好地处理了主楼与塔楼在造型上的过渡问题，过去有人说老式，现在却有不少人说他很耐看。电信大楼获建设部科技进步一等奖。

常熟汽车站采用了具有江南民居特色的构架，西向立面做了反映常熟风景图案的遮阳墙，富有地域特色。

上海电信大楼

常熟长途汽车站外观

常熟长途汽车站室内

白俄罗斯电视塔方案是以普希金的诗句“同志们，相信吧，迷人幸福的星辰就要从俄罗斯冉冉升起”作为构思主题，塔部以锥形的玻璃体组成了光芒四射的星辰形象，富有时代气息和文化特色。方案在由七个国家参加的国际竞赛中名列第一。

上海市政中心方案建筑总体以廊院组合不同的室外空间。主楼采用Y形平面及向上收进的建筑造型，建筑群力求体现中国传统建筑的精神与现代建筑相揉合的特色。

上海地铁一号线的站台建筑内运用了不同材质的壁画，示意了各站的地面位置并增加了上海地铁的标志性。

参加设计的长安街电力调度大楼按设计为借鉴中国传统建筑力学概念，利用四个芯筒布置垂直交通等设施。大楼按功能分为四个区域，并形成内向的四合院式的中庭格局，开敞的中庭空间具有人性化的感染力。檐部做成构架式厚檐与长安街相邻的建筑协调。

常熟国宾馆平面布局内设有水池以改善小气候，在形象上把民居的韵味提升为一个既现代化而又具有高雅大方气质和江南风格的国宾接待楼。

上海市政中心

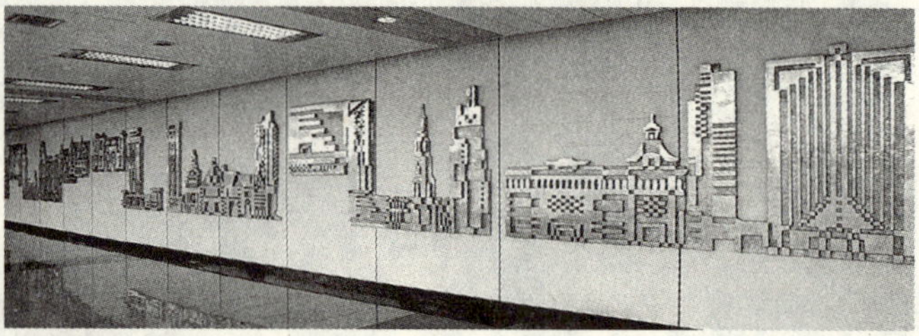

上海地铁一号线

白俄罗斯明斯克电视塔

北京长安街电力总公司调度大楼

绍兴大剧院

常熟国际饭店国宾馆

邵武行政中心

近几年设计的绍兴大剧院以当地的乌篷船为构思立意，使大剧院成为既富有时代气息而又有当地特色的标志性建筑。

邵武市行政中心方案结合地形，市府主楼打破了常见的高层建筑，采用了低层建筑的形式，象征民主和开朗的形象。

武进工人文化宫，方案结合总体布局与场地呈 45° 布置的特点，寓意常州市花，以淹城蔷薇立意，做了花瓣形的坡形屋面，具有浓郁的文化气息。

以风帆为立意的奉贤海滩宾馆，不仅与大海相和谐且力求具有现代中国风格。

以凝聚和谐为主题的上海世界博览馆方案设计则以太极的聚合为立意，形成了具有中国内涵和富有时代感的建筑。

在居住建筑方面，力求节地并结合气候，注意自然通风，改进户型。厦门凤凰山庄，依山就势，节省了大量的土石方，同时吸取了福建民居的内涵及形象，并使用了当地的红色霹雳砖。上海枫泾乡村镇住宅则考虑了台阶式的组合，使每户有较好的生态环境。在合肥桂香居小区中运用紧凑的圆形点式平面，缩小了每户的面宽，节约了用地。云间绿大地别墅小区中设计了有内庭的现代中国式的别墅与“欧陆风”抗衡。

武进工人文化宫

上海奉贤海滩宾馆

在规划方面，柏林中国城方案立意为“龙凤呈祥”，较好地处理了构思立意与民居及园林的结合，具有现代中国特色。

金坛市社会主义新农村规划方案，以“九州揽月”为构思主题，较好地处理了功能分区并具有九州环湖揽月的恢宏气势。

在学习生态建筑方面，我一贯提倡建筑师要在总体的选址及空间组合时就进入角色，而不仅是简单地选用节能设备。建筑的自然通风是降低能耗的重要手段，必须非常重视。在这方面我们要向马来西亚的杨经文先生学习，学习他设计生态建筑的科学性、精密性和创新精神。我参加了由上海建科院主持的生态办公楼及生态住宅设计。生态办公楼的平面布局及剖面形式及屋面等均服从生态功能的要求，斜向的玻璃顶使阳光能洒向中庭及北面的房间，中间的塔楼经过加温能更好地进行自然排风，屋顶采用太阳能电池板发电，南向窗前均做了可调节的遮阳百叶。在节能技术方面采用了变频供电、水资源回用、绿色及再生建材等新技术。生态办公楼不仅节能且有崭新的形象。生态住宅内布置了加强自然通风的中庭，冬夏各有其功能。2005 年获 Holcim 国际建筑设计亚太地区的可持续发展建造大奖。

新建筑向未来的发展，除了不断提升生态举措的等级外，很多年前同济大学薛求理博士曾给予我启发。他认为建筑不再是立面、空间、环境，而是上升为一个“场”，要作为一个物理场来看待，我认为建筑物质技术的一面要和宇宙的能量场结合起来考虑，这也是我国风水中的精华。这种建筑不仅节能而且涉及到宇宙的能量和人的生命场的关系问题，建筑不会再是横三段、竖三段的固有模式，而是根据地域的方位、气候和宇宙能量场，结合不同功能的新材料和地域文化综合起来的新建筑。建筑与宇宙磁场的关系以及时间性等有些基本观念其实在中国风水中早已有所表达，华夏文化的精粹将是这些新建筑发展的动力和基础。建筑是具有双重性的，这些新建筑将新的物质技术和文化融为一体，新建筑将体现出新的华夏建筑文化。

在建筑教育方面我一贯主张要办出一个“放眼世界，回归中国”的具有中国特色的建筑教学体系。对于学生和我院新来的员工，我希望他们成为一个具有中国特色的建筑师。十多年来我积极参加了建筑系教学的评估及国务院学位办的评议工作，我非常感谢中国建筑学会给我的特别奖鼓励。

建筑具有物质技术和意识形态的双重性，它不属于纯艺术。它与文学、绘画、音乐是异曲同工的。它们之间在主题、主旋律、伴奏、变奏、高潮、含蓄、和谐、对比、主色调和地方色彩等艺术的手段及规律方面都是相通的，只是各自运用的元素形态和手段不同而已，因此作为一个建筑师应该也是一个文艺爱好者，要在文学、绘画和音乐中汲取各种营养。多年来，我在学习写诗和散文，以不断提高自己的修养，今年六月出版了我的创作集《琴抒》，也包括了这部分内容。路漫漫其修远兮，吾将上下而求索！下面以“我的歌”这首小诗来结束这篇自述：

人们说：建筑是凝固的音乐。
建筑师设计的是无声的纪念碑。
建筑是石头的时空，
它们默默地展现着历史。
然而，我却还要拨动我的心弦，
让它尽情地抒发我的心声……我的歌，
和不断嘹亮地献上我生命的篇章！

上海世界博览馆鸟瞰

上海世界博览馆中庭透视

上海志丹苑博物馆

上海志丹苑博物馆室内

上海志丹苑博物馆室内

上海生态办公楼

上海云间绿大地别墅小区

双城纪事

聂兰生

1930 年生于法国巴黎，祖籍辽宁新民。1954 年毕业于东北大学建筑系，毕业后在天津大学任教。天津大学建筑学院教授，博士生导师。专业主攻方向为建筑设计与理论，发表论文 50 余篇，专著 3 部。

这是一段回忆性的文字，人生苦短，转眼间到了暮年，或许因为年过古稀，逝去的一切只留下了片段的记忆，其余的犹如点点飞花，消失在浩渺的时空之中。工作着是美丽的，本应结出果实的却只开出几朵小花，未及一现便已凋零，逝者如斯，任何事物都不能长驻人间，想到这里，也释然了许多。

长期在学校执教，工程做得不多，虽有些小小的收获，有始无终杳如黄鹤的也不在少数。如今再回首往事，忘却的比遗留的多，只是有几件事沉积在记忆之中，有欣慰也有遗憾和迷茫，个中冷暖也只有当事者自知。

洞庭飞花

20 世纪 80 年代中期之后，我和彭一刚教授共同研究一个课题——传统建筑文化的传承与现代建筑的创新，直到 90 年代中期，这期间除了理论上的探索之外，也涉足不少实践性工程。

1993年天津大学建筑系接到一份参加“岳阳市旧城改造修建性详细规划”的设计竞赛邀请函，参加这次邀请赛的有五个单位，系里令我和几名青年教师带领学生完成这项任务，记得我当时欣然从命，因为正好与我当时的研究课题契合。80年代以来正是国内旧城改造的高峰，偿还多年来欠下的城市建设旧账，更重要的是繁荣今日的城市经济。拆旧建新是当时通用的手段，摆脱贫困是举国上下一致的期许，在经济优先的情况下，文化自然被排在了后面。记得在80年代末期的一次全国性的学术会议上，提到改革开放以来拆掉的旧建筑数量，比建国之后的总和还多。众所周知，在建筑界也确实有两种互不相容的观点——“一拆为快或者原封不动”。建筑作为有形的文化，它往往能反映出当时当地的人文、社会风情和诸多的历史情节。一片历史遗存会成为一个地区或城市的区位中心，抚今追古者有之，而对于芸芸众生来说，那是个产生故事的地方，如果没有挡住经济建设的路，又为什么一定清除为快呢？至于新建筑的地方性表达问题，两种观点也是互不相容——新与旧的对比的存在，或者是和谐的共生。在我看来建筑遗产是可以触摸到的文化，而一个地区，一个民族的文化形成，既是久远的又是传承的。我总希望新与旧能够对话，随着时间的流逝可以看到建筑文化发展的印记，因为持有这样的观点所以才做了与之相应的课题，从1985到1995这十年间，我和我的学生都成为宣扬传统地域建筑文化的“义工”。

传统建筑文化如何在当代延续与再生，在旧街区改造中最容易凸现出来，于是名城改造和规划总能吸引一批热心的学者和建筑师，用今天时髦的语言来形容叫做“追逐名城改造的Fans”。在岳阳市旧城改造修建性详规这项任务中，重在参与不重得失，这是我和学生们的共识，之所以取得一致是因为岳阳是一座令我们心仪已久的城市，洞庭湖是岳阳的命脉所系，岳阳楼又是这座城市的性灵所在，给岳阳市旧区作一次修建性详规无论胜负都是值得的。

岳阳楼滨湖而建，它东临岳阳的城市干道，西面烟波浩渺的洞庭湖，是这次3.5公顷规划区块的中心，也是长1.5公里洞庭北路的起始点。岳阳楼赋予了这条街以性格，而这一切又依托于八百里洞庭，如果没有这些或许根本不需要搞一个全国性的竞赛了。其实这是个意向性的规划，实施的可能性并不大，一个多月内完成的一项任务，工作量不小，时间又如此紧迫。

当时正值盛暑，完成这项工作的辛苦程度是可以预计的。保底费根本保不住成本，即便是侥幸中标了，做到入能敷出，不负大家辛苦也就算万幸了。平心而论，在我主持过的设计竞赛中，这次是参加人数最多的，也是我感到最累的一次。

参加这项工作的有我和三位青年教师，以及几位准备读硕士的学生，为了尽可能贴近当时规划工作的实际，我还特意邀请了时任天津市规划局总师工作的校友陈总负责总体规划工作，我和三位青年教师则分头完成街景和各区块的详细规划设计。出于老校友的情谊，陈总慨然应允，在那一时段里，他没有业余时间。

这是一支志愿者的队伍，大部分人是我授业过的学生，因为实际工作时间只有六周，大家分工合作，各司其职，每个人都要当好自己的角色，发挥各自的长处，除了相互默契的配合之外，计划和组织工作到位与否是成败的关键了。在这项工作中三位青年教师是骨干，重要的有生力量，没有他们在六周内完成如此规模的工作是难以想像的。我做事并不聪明，事必躬亲，不会用人，如果当官准是一个辛辛苦苦的官僚主义者，好在我根本不谙此道，一辈子与当官无缘，最终我是以一个“普通一兵”的身份退休的。这一年我还要出席境外学术会议，一次在台湾，一次在日本，都是在前一年约定的会议，恰是在项目完成的时段之内，幸好论文算是准备好的，光是办手续就花掉了不少精力。记得在出境之前的两周间，我几乎是日夜兼程地完成了1.5 公里长的干道两侧的街景设计，那时正值盛暑，两会之间还有十多日的间隙，便又和学生们在那里夜以继日地赶图直到最后。这确实令我感到疲惫不堪，那一年我出席了最使我疲劳的学术会议，和揽了一个令大家叫苦不迭的工程。今天想来应如何理喻和解释那次活动呢？工作起来如此地契合，如此地热情，而且都清楚这是一项收入不高的清苦工程，用今天的话来说叫作“自我实现”。至今我仍不能忘怀那时的工作场景和我的志同道合者们的诚挚的友情及忘我的投入。

这次竞赛我们的方案中选，成果微不足道，难得的是收获了一片友谊。

随着方案的深入，有必要去现场调研，大家都没去过岳阳，对于这座洞庭湖畔的历史文化名城赋予了过高的期望，以至于这项工程我也是慕名而做的。出访岳阳之后，它留给我的城市轮廓是浩瀚的洞庭湖，满载故事的岳阳楼和一条匆匆翻改过的毫无个性可言的商业街。

岳阳楼邻洞庭湖，坐落在一片绿荫之中，作为中国仅存的四大名楼之一保护完好，那时看上去像刚刚修过。作为岳阳的城市标志，界内树木葱茏，环境清幽，已辟为市级公园。园内僻静的一角尚存一座三国时期的小乔墓，墓旁松柏环绕，清荫满地，除了大大的一块墓碑之外再也没有任何多余的建筑。西临洞庭湖驳岸，还有一处三国时期吴国鲁肃操练水军的演兵台，也只是一座牌楼和一块凸于水面的平台。其实这是两处令人联想颇多的遗迹竟然如此地质朴天然，没有过多的人工雕凿，看来岳阳市并没有拿它们来做文章。国内不少地方常常会捕风捉影地编造出一些“古迹”，作为旅游景点用来招徕生意。但岳阳楼公园内除了繁茂的林木和游览道路之外没有过多的人工景物，这里清静无苔，旷朗无尘，在喧嚣的城市中是一处难得休憩的场所，相比之下，显得品格超然了许多。古迹在于着意保护，不宜添枝加叶，过多地渲染，反而弄得真假难辨，真品也成了赝品。

洞庭湖烟波浩渺，那气势着实令人震撼，波光粼粼的银色水面上，远处的君山，犹如镶嵌在湖面上的一块碧玉。古人形容洞庭与君山是“银盘之上一青螺”，君山给洞庭湖造出一处风景，旖旎而有些神秘，它让人多了一份联想和向往。看来历史和大自然各自为岳阳留下了不可多得的财富。

初到岳阳时已是深秋季节，接待我们的是从湖南大学建筑系毕业的小S，在岳阳市规划局工作，这次设计竞赛就是他组织的，或许是大学毕业不久，一见到来自学校的人像是他乡遇故知，显得格外亲切。在岳阳的一周，这位代表甲方的一员成为我们的志同道合者，又一名追随名城保护的热情Fans，他和我们这个设计小组成为朋友，之间的往来直到今天。

洞庭北路是规划的城市干道，北起岳阳楼向南1.5公里是这次调研的重点。这条街从20世纪70年代以来陆续改造，旧街面貌已荡然无存，满街都是贴着白面砖镶着蓝玻璃的二三层的方盒子似的小楼，商住混杂，凌

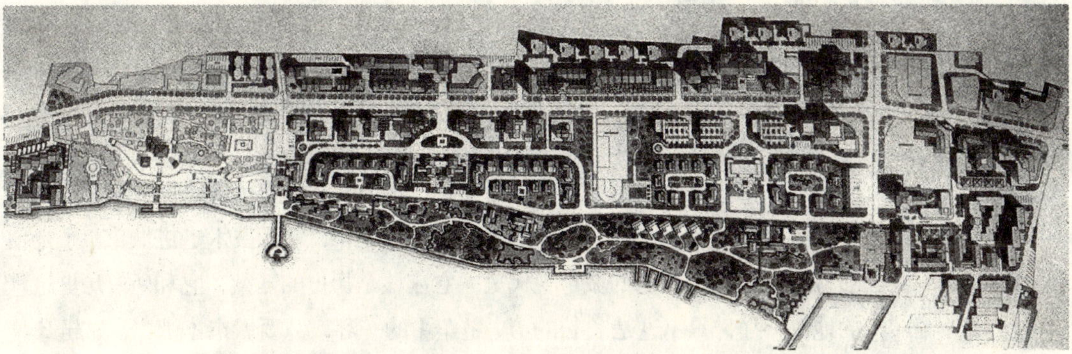

岳阳楼旧城改造修建性详细规划设计

乱无章。除了岳阳楼公园对面的新建的几栋民居形式的商店之外，找不到一处可以和岳阳楼共存和洞庭湖对话的场所，或一处可以作为规划设计的参照物。这倒也好，岳阳规划局的小S叫我们放手去做，犹如建一条新街。此情此景令人惆怅，城市应该是一个能够读出历史的地方，城市的活力在于当代文明的展示，它的魅力则是久远的历史和文化的积淀，一叶知秋，大致上可以想像出中国中小城市的一般状态，泱泱古国究竟向世人展示什么？幸好岳阳市还有一座岳阳楼。

洞庭湖由于季节不同水位落差高达28米左右，所以在这项规划中驳岸部分面积将占总占地的四分之一，这一地带在规划中已辟为开放式绿地。这里引出一个城市总体规划中的问题，既然岳阳市滨湖而建，水景是城市的标志，城市中的街道、建筑应该与之对话，如杭州西湖的环湖路，上海的外滩等等都是城市精华所在。而岳阳则用一条商业街把个洞庭湖遮挡得严丝合缝，虽然我们在这条街上留出了六条透景线，但走在洞庭北路上可能还是感受不到身边还有一片如此浩瀚的湖水，其实规划的重点应该放在环湖路和开放绿地的设计上。这当然不是我们所能左右的，看来修建性详规制作之前城市总体规划的前期论证应该是关键的一环，这是我们做完一轮方案之后的感受。

第二轮方案完成之后进入实施阶段便困难重重，90年代的中国尚未脱贫，资金是个大问题。现在看来反而觉得按照规划一气呵成地盖起来未必成功，城市的形成是个历史过程，应该渐进地发展，在不断的变化中逐步完善，并占有一个长长的历史段落，一蹴而就不是营造城市的上策，所以岳阳滨湖区的改造不会是立竿见影的。北京东西长安街的规划从20世纪50年代起步直到80年代还在讨论方案，这或许是符合历史发展规律的吧。听说2006年又搞了一次岳阳滨湖区的规划竞赛，选中的方案仍是天津大学，我估计这也许不是最后一次。

与冰城对话

城市的形成往往是一个长长的历史过程。许多历史活动在城市中产生，我们在观察、研究城市的过程中，会发现许多历史遗存的链接，一部城市的发展史便从这里演绎出来。在当前的大开发大建设中，现代技术走进城市，于是便书写出一部洋洋洒洒的城市现代史。它应该是历史的延续，它和所有历史过程的地位一样，只不过是长长的历史链条中的一环，只要城市不消亡，这链条便无限延长下去，直到永远。

城市中的建筑创作活动应该是承上启下的，把历史和现代在作品中接起来成为城市的一员，历史中的一环，这也是为什么在20世纪90年代前后，我如此热衷于传统与地域建筑文化延续的研究。地域特征给城市以性格，历史留给城市以记忆，而这一切都通过建筑来表达。我在那一时段的创作活动中总能多少反映出这些观念和认识，在1992年哈尔滨娱乐城的方案设计中，我曾着意表达了我的这些观点。

这是一座十万平方米的商业娱乐性建筑，地处哈尔滨市中心商业区，与著名的秋林公司隔街相望。这里原是俄国人的居住区，欧式风格成为这个区的建筑基调，素有“东方小莫斯科”之称的哈尔滨，欧洲建筑遍及各处，而这里又是欧风建筑的集中地，旧街区的新建筑如何与环境对话？高层建筑如何在形象上与旧环境相互呼应？在哈尔滨娱乐城的设计中是一个颇费思考的课题。

高层建筑反映了当代人类的物质文明，当现代文明向地域走来之后，原来的风貌便渐失光彩，城市个性消失在高度发达的科技手段之中。其实，城市在向现代化转化过程中，总要失落一些东西，在渐进过程中更新代谢，新旧共存是过程中的必然，对话和融通自然是必要的了。在欧风弥漫的哈尔滨旧街区中，娱乐城的设计借鉴了欧洲高直式建筑形式和北欧的民居、尖塔和陡峭的屋顶，用这类语汇与环境对话，最终使它还要像一座商城。当然这一切都是用现代手段去完成——银灰色的铝合金板从墙身做到屋顶、蓝灰色的镀膜玻璃让这座冷调子的建筑能和冰城相匹配，在以现代建筑技术手段为基调的作品中，让人感受到当地的乡音乡情。

冰城迷雾

1992年参与了哈尔滨娱乐城的设计，属于征集方案性质，也只有概念性设计的深度，当时约了我和彭一刚教授参加。我们确实颇费心思地各作了一次高层建筑如何表达地域风情的尝试，20世纪90年代还没有电脑绘图，时任美术教研室主任的章又新教授完美地表达了这座冰雪世界中的商城，他的加盟提高了作品的品位，那张经典的表现图成为作品的点睛之笔。

学校教师的方案在那个年代里实施的可能性并不大，一是任务尚未落实，业主们只是投石问路，未来的变数很大。二是即便是采用了，到实施阶段仍然由一个毫不相干的设计单位完成，到最后方案被改成什么样子，由业主和设计单位来定，完全撇开方案设计人。因此教师们也挺想得开，不管业主们用不用都以最佳状态投入，作出自己的水平。参与征集方案的设计，只不过是有一次自我实现的机会，因此，虽然大家做得很用心，但并不十分计较采用与否。果然不出所料，方案交给业主之后据说是很满意，并向当地规划局作了汇报，还组织了小范围的展示活动，没过多久再传过来的消息是业主资金尚未到位，下一步的方案修改落实要往后推，最后过来的消息就是换了业主，新业主有自己的打算。为这个方案我们付出了许多，希望能够付诸实现这是当然的，如前所述，学校教师作方案虽然倾尽全力，但心境都很旷达，能实施最好，达不到目的也不强求。这也许是社会职能和身份造就了这份态度，因为他们并不是职业建筑师。于是我认为此事已告一段落，剩下来的只是整理方案、资料，做一个自我实现的记录。因为许多方案的结局都是这样，也并未细想。

2002 年传来一件令人意想不到的消息，一位常来常往的同事告诉了我和章教授，他出差哈尔滨时亲眼看到了我们合作的那个方案盖起来了，但不在原来的基地上，究竟是哪条街由于短时间出差，他说不清详细地址，我和章老师听了之后都很愕然，一时又不知怎么处理才好。记得当时我的心境是一腔无奈，即便是去哈尔滨查出确有此事，也根本无处申诉。我们都已年过古稀也没

哈尔滨娱乐城设计方案

有这份精力去过问，不了了之又有些不甘心。这时期又接到一位在天津市建筑设计院工作的早期天大毕业生的电话，他告诉我“在哈尔滨真的见到了您的方案原样建起来了”。20世纪末期我曾多次去哈尔滨参加评审工作，亲眼看到秋林公司对面基地上确实建起一座大型商业建筑，但不是我们的方案，看来用我们的方案的显然不是原来的单位，他们从哪里得到的图纸资料？用人家方案又不打招呼地建起来了这又是为什么？本想不了了之的事，可是又想查一查，于是我便把作品集分别寄给了在哈尔滨工作的老同学、老熟人，他们都是建筑师，应该能够帮上忙的。其实我的要求很简单只是把建筑物的建设地点和建设单位弄清即可。结果是一位说是帮我查了但没查到，另一位只说帮忙找找就再无音信了。事后我也能够理解他们不想多事，或许是想息事宁人吧。哈尔滨娱乐城的事就此告一段落，不过此事令我联想颇多，中国有句老话叫做“天下文章一大抄”，模仿抄袭别人文章的现象古已有之，建筑界中的这种现象也习以为常，抄袭成风已经叫人司空见惯。记得1985年12月在广州召开的中国建筑协会第一次建筑创作大会上，赵冬日先生曾指出建筑创作活动中的“两抄”——即抄袭古人和抄袭洋人的现象。到目前为止这类问题仍然在创作活动中存在，所以才有人提出建筑创作中“原创性”的可贵。

学习、抄袭和攫取是不同的行为，但也常常被混为一谈。20世纪90年代我出差去福建，路经一处工地看到拙作“伦敦中国城”的一部分被原样地搬上去了，工程没完还在建设中，因为是在途中，我下车端详了一番，无可奈何地离去。我不想追究，因为这种现象并非偶然，似乎是合理地存在。记得1995年时我发表在建筑学报上的广州红岭花园小区规划和住宅设计，其中的楔形住宅引起不少人的兴趣，有人把方案拿过去稍作修改，换了个名字在当地发表当作自己的创新作品，也有人不服气写信给我，意在希望我出面干预，更有甚者直接打电话向我问及方案的所有细节，我深知这种道理是讲不清的，住宅方案尤其如此，我只能木然处之。建筑师对于他们所从事的建筑创作活动，投入的越多寄予的希望就越大，能够付诸实现就是最高的愿望了。这些作品不论通过什么方式毕竟是建起来了，至少说明它得到一定范围的社会认同，想到这里我此刻的心境真的释然了许多。结合教学任务也常做些工程，在哈尔滨的项目只做了这一个，这个方案的归宿到如今是个谜“是耶，非耶，两不知”，冰城留给我的这段记忆会随着时光的流逝渐渐地淡去。

2007.8

西部建筑行脚——建筑创作生涯自述

王小东

1939年1月生，1963毕业于西安冶金建筑学院建筑系。毕业至今一直在新疆建筑设计研究院工作，曾任该院副总建筑师、院长、名誉院长。2005年以建筑创作的个人成就获得国际建协（UIA）颁发的罗伯特·马修奖（改善人类居住环境奖）。2007年当选为中国工程院院士。发表学术论文数十篇，主要著作有《伊斯兰建筑史图典（7～19世纪）》、《西部建筑行脚——一个西部建筑师的建筑创作和论述》等。

1963年，我班大学毕业分配方案中除了新疆外，其他各地都是工业设计院。出于对建筑创作的热爱，便以第一志愿被分配到新疆建筑设计研究院工作至今。43年之后同班中一起来的两位同学早已回内地工作，而我仍然作为一名中国西部新疆的建筑师乐此不疲地耕耘着，曾被内地的同行说：很悲壮啊！

如今，在建筑界大家认为我的专长是研究伊斯兰建筑和创作新疆地域建筑。还有朋友问我是不是新疆人？是不是穆斯林？其中的潜台词很明显，其实是一场误会。

我不是新疆人，也不是穆斯林。我的出生、成长都在内地。之所以走上今天的“西部之路”，完全是出于自己对人生、对职业的信念。

我出生于一个教育世家，从小被灌输的是读书，要在学业上、学术上有成就，仕途、经商都非我所愿。之所以以第一志愿报考建筑学专业，以第一志愿远赴新疆，完全是出于对建筑师事业的热爱。自己最敬重的是学者，儒雅而博学的学者。

想像中的戈壁、雪山、森林、牧场都成了现实。我从内心发出“让雪山冰峰作证”的誓言，投入到了陌生的新疆大地，没有后悔，也没有怨言。乐观地、新奇地走到了设计院的绘图桌旁，一干就是43年。记得刚到新疆不久，那时的乌鲁木齐建设远不是今天的样子。我画了一幅以天山博格达峰为背景的城市水彩画，当然其中不少建筑是我虚拟的，画名为“一个建筑师的梦”。想到自己亲手画的图纸变成现实，就有一种冲动感。有时一些未完成的图纸竟会以建成的情景出现在梦中。

到新疆第一年的劳动实习中，业余时间基本上是背着画夹在乌鲁木齐写生。我喜欢它的大街小巷、风土人情、自然风光，这也影响了我后来的建筑观。

在设计院的专业基础训练仅一年多，做了几个小工程，“文革”的十年动乱开始了，我便远离了绘图桌。直至1973年，乌鲁木齐烈士陵园需要重修，我和女建筑师黄汇合作承担了陵墓、广场、大门的设计工作。后来又增加了陈潭秋烈士纪念馆、骨灰存放厅。这是我自认为在新疆的第一个建筑创作，对建筑的性格、地域性等作了初步的探讨，并且在“文革”中一度复刊的《建筑学报》1976年第二期上刊登过。

我所在的设计院在“文革”后期竟通过渠道订了好几种影印版的外文期刊，如 Architecture Record、Architecture Review 等。对我来说则如久旱逢甘雨，当时应该说在国内较早地接触到了后现代建筑。“文革”结束后，原版刊物也能订阅了，国内建筑思潮也开始活跃。1980年，我写了一篇“在多元化的变革中走自己的路”的学术论文，并在吐鲁番招待所及外贸楼的工程设计中，首次探讨了新疆地域建筑（注1）。1981年，适逢阿·卡汗国际建筑会议在新疆召开，阿·卡汗本人及几十个国家的著名学者和建筑师参加，有印度的柯里亚，国内的杨廷宝、王华彬、陈占祥、刘开济、金瓯卜、常任侠等著名前辈。他们在参观吐鲁番时，就下榻于我所做的窑洞招待所。受到他们的鼓励，我决心在以后自己的建筑创作中，把现代建筑和地域文化、民族文化结合起来，从此走上了一条漫长的道路。

1982—1983年之间，我开始了新疆两个宾馆的设计，一个是友谊宾馆三号楼（注2），一个是昆仑宾馆新楼（注3），在当时应是重大项目。在这两个宾馆设计中，我有意识地对建筑的民族风格进行了探讨。

乌鲁木齐烈士陵园烈士骨灰存放厅

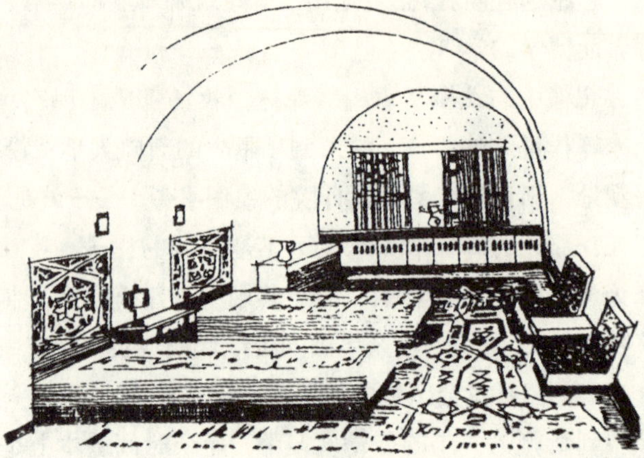

吐鲁番招待所新客房室内设计草图

乌鲁木齐烈士陵园陈潭秋烈士墓碑

吐鲁番招待所新客房局部外观透视图

新疆友谊宾馆三号楼

新疆友谊宾馆三号楼，从连廊看客房内庭院

1985年，新疆维吾尔自治区成立30周年，一批重要的建筑项目给了新疆建筑师们大好的机遇，我有幸参加了新疆人民会堂的方案创作，成为最后确定方案的主创者。同时，还参加了新疆迎宾馆的设计工作。此时，其他的一批新建筑，如新疆科技馆、新疆人大常委办公楼、昌吉工人文化宫、乌鲁木齐客运站等以现代和民族风格相结合的面目出现，大大地改变了乌鲁木齐的城市面貌。1986年，建设部在新疆召开了全国少数民族地区建筑创作会议，并给新疆建筑设计院颁发了惟一的“少数民族地区建筑创作进步奖”，对我和新疆的建筑师们给予了很大的鼓励。1987年，现代中国建

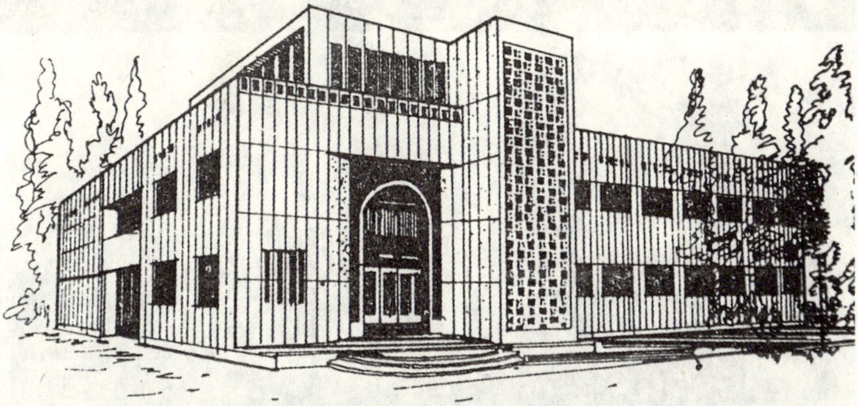

吐鲁番外贸楼透视图

新疆昆仑宾馆新楼

新疆人民会堂建成后的情景

新疆人民会堂方案效果图（王小东绘）

筑创作小组年会在乌鲁木齐召开，对新疆建筑创作的关注达到了高潮的同时，新的忧虑和期望出现了：希望新疆建筑创作更上一层楼，不能停留在符号的应用上。这是一个很难跨越的高度。

从1984年末到1999年末，我在非常矛盾的心情中担任了新疆建筑设计研究院院长的职务长达16年之久。院长的职务虽然对设计院建筑创作有一定的好处，但对自己来说却失去了很多的机会。再加前进一步的难度也很大，从1990年代起，新疆的建设规模不断增大，但主要是房地产商说了算。于是欧陆风、KPF风、抄袭风泛滥，新疆的地域文化建筑创作开始走向低潮，这种影响至今还存在。

90年代，我也作了几次创作上的尝试。如库车龟兹宾馆的创作中，强调了地域空间特征和民族、宗教与建筑的关系（注4）；在奎屯明珠楼的创作中，特意表现了西域建筑的形体及结合新材质的细部；在北京中华民族博物院新疆景

库车龟兹宾馆沿街全景

库车龟兹宾馆创意模型

库车龟兹宾馆局部

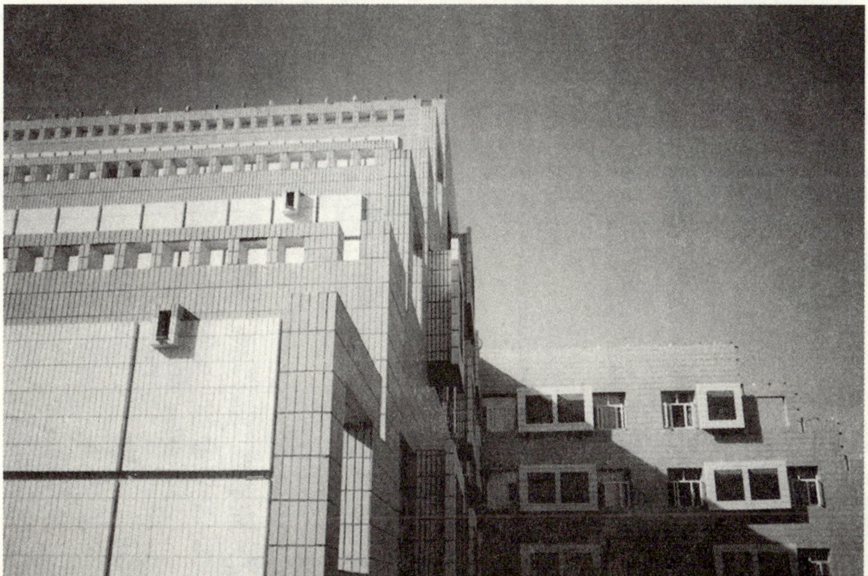

奎屯明珠楼外观细部

区的设计中，对我关于新疆地域建筑特征的理解进行了一次综合测试，在沿街公建中采用了民族工艺砌砖，体量与光影变化的传统创造出新型建筑（注 5）。这几次创作都力图突破符号化，利用传统建筑的基因去创造。

1999 年，我终于从院长的职务上退了下来，可以专心致志地从事自己喜爱的建筑创作了。到目前为止主持了十几项建筑项目，并在这些项目中贯穿自己的创作观，尤其在新疆地域建筑创作的探索方面。

在乌鲁木齐红山体育馆的创作中，着重于功能和空间、充分利用现有土地以及和红山公园大环境相协调的关系。我想创造出一个与公园山色和谐的体育机器，屋顶形状隐喻雪莲花瓣（注 6）；在新疆地质矿产博物馆的

北京中华民族博物院新疆景区沿街全景

北京中华民族博物院新疆景区公建主入口

创作中刻意体现地质矿产的特征，以原创为出发点，仅在入口的龛式空间作了一些象征伊斯兰建筑中穆克纳斯的隐喻（注7）；在新疆博物馆的创作中以泛西域、新疆上下5000年的文化背景构建空间（注8）；在乌鲁木齐空中花园的创作中，回避欧陆式，形成具有西域特征的建筑群体；在最近的伊犁大剧院工程中和薛邵睿合作力图把哈萨克人的文化观念、审美情趣、人文风俗通过各种建筑语言形成了一个全新的现代建筑。

乌鲁木齐红山体育馆

新疆地质矿产博物馆

新疆博物馆沿街全景

新疆博物馆局部外立面

乌鲁木齐空中花园住宅群（效果图）

伊犁大剧院入口（效果图）

关于新疆国际大巴扎，其实是一个特定环境下建筑创作的特例。因为它处于乌鲁木齐民族风情一条街中，要求它必须有浓郁的民族地域特色。它并不是放在其他任何地方都可以的建筑。而这一点常被人们误解，以为大巴扎的设计太传统了。其实我所做的正是目睹在民族风情一条街现状中过于烦乱的“民族形式”的装饰与色彩而反其道行之，用最经典的传统建筑语言和空间构成原理，用最少的符号并尽量和现代化结合，充分发挥建筑群体的魅力，注意每一个细节，营造出既纯粹又丰富的建筑空间，这一点不身临其境是很难体会到的。它的建筑创作上的意义正在于传统和现代相结合中突出原创性（注 9）。在大巴扎建成后的 2006 年，在它的旁边又创作了小巴扎。因为它不属于大巴扎建筑群，但又要统一在大环境中而显

乌鲁木齐小巴扎

新疆国际大巴扎沿解放路全景

新疆国际大巴扎广场夜景

新疆国际大巴扎四季步行街内部

现出另一种面貌。

回顾几十年来在新疆建筑创作的历程，对建筑理论的探讨也是极为重要的组成部分。我在这里所说的并不是一种可以长期指导建筑创作的理论，这种理论是僵化的，没有任何指导意义。建筑创作理论的真实意义应该是动态的、瞬间性的，需要随时调整指导每一步的创作过程。它建立在对当代世界变化而又不确定的动态的大量信息掌握之中；同时它还要有信念来支持，如对人类美好社会的追求等。因此，它既有理性也有非理性。这种建筑理论对一个认真创作的建筑师来说非常重要，否则他会随波逐流，人云亦云，丧失自己。

我对新疆地域建筑的创作最早完全出于一种生活信念：即身在新疆，就应该创作出具有新疆特色的建筑作品。但这种信念并不能完全代替理论，所以在 80 年代初，我就开始系统地调查、研究新疆建筑及世界伊斯兰建筑的各种资讯。从这些传统建筑中了解它们产生的根源、空间构成、建筑装饰、建筑材料应用的特征等；同时对世界上的各种建筑流派，如后现代主义、晚期现代主义、解构主义等作了一定的研究。逐渐在建筑理论的框架中形成了如下一系列动态的、阶段性的创作观：

一、80年代中对民族风格、地方特色和现代化相结合的探讨

反映这段时期我的创作观的文章是“继承与创新”（注10）、“新疆建筑创作之路”（注11）、“当代中国建筑创作良机”（注12）等。主要的观点是主张建筑创作要和传统相结合而走向世界，着重研究了“结合点”的问题。

二、对建筑文化的思考

上文已提到民族风格与地方特色的提法还在表层，并容易带来符号的滥用，把建筑创作带入死胡同。就拿符号应用来说，有的成功有的失败。究其原因我认为是整个社会和建筑师们的文化素养问题。当时纽约《时代周刊》上有一篇著名的评论文章为“处在十字路口的现代建筑”（The Trouble State of modern Architecture）。我当时回应了一篇文章，名为“文化对建筑困境的拯救”（注13），极力主张要有文化的建筑，要有建筑文化的社会背景，即只有深厚的文化底蕴和社会素养才能创作出好的作品来。但文化的定义十分纷杂，虽有愿望但实行起来也就困难了。只有十几年后，我才对这个问题有了比较明确的解答。

此时的建筑论述还有“文化、建筑与建筑风格”（注14）、“时空撞击下的海口建筑文化”（注15）等。

三、个性、创造性与共性、群体性

由于文化比较空泛，后来我又把着眼点放在对理论更深一步的探讨上。这时期的主要观点是建筑的惟一性（即此时、此地、斯人斯建筑，追求个性和创造性）和建筑的同一性。其观点主要在“群衍性——建筑创作中一个被忽略的要素”（注16）和“在民族和宗教的限定中求解”（注4）两篇文章中。在追求个性、惟一性的同时还要看到建筑的共性和群体性。它们是两个不同的对立面，但的确同时存在于建筑创作中。我把它们比喻为一个打破了的蛋壳：每个碎片是无序的、随机的，片片不同，但它们的确是一个蛋壳打碎后的群体，在建筑创作中两方面都要兼顾。关肇邺院士为此给我写过一封信，谈到了过于追求独特和惟一性的不妥之处。对这一深层次的学术讨论至今还在进行。

四、建筑本原

90年代末，对建筑理论的探讨处于困惑之中。尤其从欧洲考察回来，给设计院的建筑师们讲了几次欧洲建筑史后，强烈地感到一部2000多年

的欧洲建筑史中，结构、构造体系基本上是砖石的梁柱、圆顶、拱等，但为什么还那么强烈地影响到现在？尤其当代建筑技术飞速发展，观念不断更迭，欧洲的建筑师们已走上了另一个平台，中国的欧陆式反而在流行，这是不正常的。尽管人类的建筑行为已有几千年，甚至上万年，但构成空间受力的方式无非还是压、弯、剪、拉、扭。一个麦秆编成的蝈蝈笼子或一个哈萨克帐篷的骨架，就可以把上述受力现象完全包括。所以我想到了建筑最早的原初目的以及为达到此目的而出现的建筑原型，它没有什么“形式”、“风格”、“主义”等。对我国和自己过去的创作进行反省，觉得当前的建筑创作中对形式的追求过了。建筑创作应抛弃形的干扰，以建造的本原目的和建筑原型为出发点。于是就写了“建筑本原与形式消解”（注 17）、“本原民居”（注 18）、“中亚建筑折射中的思考”（注 19）、“建筑不断变化与增长的需求”（注 20）等阐述自己此时的观点。

90 年代中，我对中亚几个国家的三次考察中，看到前苏联时代对建筑民族形式追求的误区与强加在建筑上的政治观念对建筑创作带来危害的同时，也检讨了自己和我国类似的倾向。这一阶段在自己的建筑理论探讨中是重要的一环。

五、变化中的建筑与城市——对建筑的再认识

90 年代末和本世纪初，建筑现象越来越千变万化。建筑师如果不及时地认识这种变化，更是无所适从。了解变化就是对信息的搜索和整理。这一阶段中我写了“变化中的城市观念”（注 21）、“盖里的非线性建筑”（注 22）、“现代建筑的世纪绝唱”（注 23）、“对建筑的再认识”（注 24）、“非功能、非形式、非建筑”（注 25）等，阐述了一个建筑师在变化、速度加快与变化不确定性的世界中如何把握自己建筑创作的轨道。这种情况可以用一句非常有名的话“摸着石头过河”来说明。“过河”是理想，是信念，是愿望，如何“过河”只能在每前进一步中搜索，掌握下一步的信息：河底是高还是低，是平还是坑，水速如何等，这样才能决定下一步如何迈出，这时前面的路还是不可知的。只有一步步摸索，才能达到彼岸，否则大概真的会随波逐流去了。在没有掌握过河路线的全部信息之前，谁也不可能形成指导性的理论，何况河流的运动是动态的、瞬间的、变化莫测。这一阶段的学习和探讨使我对动态的建筑理论有了进一步的认知。

六、重回建筑文化与地域建筑

近年建筑创作的机会比较多，也有更多的时间考虑建筑理论问题。结

合创作实践，对建筑文化和地域建筑进行了再思考。前文里提到80年代对建筑文化的探讨中，难以给建筑文化一个明确的定义。但根据我几十年来的观察，一个成功的建筑师，并不完全是由学校培养出来的。他应该从小受到良好的、全面的素质教育，有丰富的知识，善于和人交流，同时还应是一个学者型的理想主义者——即通过建筑关心和造福社会、造福人类。数理化考100分的人不一定能成为一个好建筑师。由此我渐悟到所谓文化的建筑主要是指建筑师的整体文化素养和社会文化素养。一个建筑师在他的作品中要体现出尊重人、尊重环境、尊重社会、尊重历史的同时还应具有积极的价值观和高水品的鉴赏力。对建筑师来说，这就是建筑文化。其中的几个尊重，只要他愿意，是可以做到的。但价值观和鉴赏力方面就不是人人能做到的了。记得在日本，我听过陈从周先生的一次关于中国园林的演讲。他说有的人搞了一辈子园林，还不知道什么叫园林。对价值观和鉴赏力而言，此话一语中地。因此建筑文化的实质在于人，是需要慢功夫才能熏陶出来的人。

对于地域建筑，应该从80年代就开始探讨了。但在今日全球化浪潮席卷的时候，还需重新审视它的意义。有关这方面我写过"寻找失去的建筑情感"(注5)、"特定环境及其建筑语言"(注9)、"新疆地质矿产博物馆"(注7)、"追寻泛西域"（注8)、"创作的历程"（注9)、"新疆地域建筑的过去和现在"（注26）等，其观点可以摘要如下：

- 地域建筑是一种泛文化现象，即特定地域中建筑空间的构成与该地域中的自然、历史、人文、原型空间密切地渗透在一起，是谓地域建筑。
- 全球化与地域建筑是两个对立方向的潮流，必然会碰撞，但不会有胜负。因为两者都强行介入人们的日常生活方式、价值取向和审美情趣中，双方都有极强的生命力。
- 地域建筑最精确的体现是一种瞬间的深入，是时间、空间的某一刻的具像化。它和地域环境的联系用千丝万缕来形容绝不过分。
- 地域建筑不能代表建筑创作中的一切，但能在建筑创作中与地域文化进行对话的建筑总比没有对话好。
- 地域建筑环境随时代而变化，全球化使得地域距离缩小，但也激发了人们从地域文化中去发掘和全球化对抗的因素而保持具体的人和社群的独立性。
- 地域建筑由于具有深厚的历史血缘，是人类社会生存竞争的战利品，所以它有一种天然的和谐性、生态性。

- 作为全球化的逆反，新地域建筑的观念逐渐转向自然、气候和人文传统两个重点方面，这是一种经过了修饰，再被放大、重新演绎的空间，是文化遗产在建筑中的折射。

在探索新疆新建筑创作的道路上，对建筑历史的学习也很重要。这些年来，我一直没有放松学习历史，并写了有关文章和著作：如“新疆伊斯兰建筑的定位”（注 27）、《中国古建筑之旅——新疆》（注 28）、《伊斯兰建筑史图典》（注 29）等，这些对我的建筑创作帮助也很大。

以上从建筑创作和理论研讨的双轨中对自己在新疆 40 多年的生涯作了阶段性的概述。它并非总结，并不是什么系统的理论骨架，只是凭着信念和知识的积累，边实践边思索，这些足迹只能说明当时的状况。在我有生之年，各种新的局面还会不断出现。庆幸的是始终坚持了创作实践和理论探讨的双轨行使。它使得我没有随风而逝，随波逐流，一直执着地探索着西部土地的建筑创作。我在不同的场合说过，因为我在新疆从事建筑师的职业，所以有义不容辞的责任去创作西部特色的新疆建筑。如果当年不到新疆工作，我也会一样在另一个地方从事建筑师的职业，创造那个地区的地域建筑，所谓入乡随俗。对于一块自己已经生活了43 年的土地，我只能这样去做。2005 年，国际建协给我授予了罗伯特 · 马修奖（改善人类居住环境奖）时，我感到自己的努力得到了认可，受到了鼓励。只有在今后更好地履行一个建筑师的职责才是。

2006 年 11 月于乌鲁木齐

注解：

注 1“吐鲁番新客房及外贸楼”，《建筑学报》1981 年第 8 期

注 2“继承与创新”，《建筑学报》1985 年第 11 期

注 3“昆仑宾馆新楼设计”，《建筑学报》1986 年第 4 期

注 4“在民族和宗教的限空中求解”，《建筑学报》1994 年第 9 期

注 5“寻找失去的建筑情感”，《建筑学报》2002 年第 2 期

注 6“制约下的轨迹”，《新疆建筑设计》2003 年第 4 期

注 7“新疆地质矿产博物馆”，《建筑学报》2006 年第 2 期

注 8“追寻泛西域”，《建筑学报》2006 年第 10 期

注 9“特定条件下的建筑语言”，《建筑学报》2003 年第 11 期“创作的历程”，《城市建筑》2004 年第 12 期

注 10“继承与创新”，《新疆建筑设计三十年》新疆城乡设计行业开发基金会 1986 年

注 11“新疆建筑创作之路”，《建筑学报》1986 年第 4 期

注 12“当代中国建筑创作良机”，香港《建筑与城市》1989 年第 2 期

注 13“文化对建筑困境的拯救”，《建筑学报》1988 年第 2 期

注 14“文化、建筑与建筑风格”，《当代建筑文化与美学》，顾孟潮等主编，天津科学技术出版社 1989 年

注 15“时空撞击下的海口建筑文化” 香港《建筑与城市》1991 年第 3 期

注 16“群衍性——建筑创作中的一个被忽略的要素”，《建筑学报》1996 年第 3 期

注 17“建筑本原与形式消解”，《建筑学报》1998 年第 4 期

注 18“本原民居”，《新疆建筑设计》1998 年第 5 期

注 19“中亚建筑折射中的思考”，发表于潘祖尧、杨永生编《比较与差距》一书，1997 年天津科技出版社出版，并摘要发表于《建筑师》73 期

注 20“建筑不断变化与增长的需求”，《新疆建筑设计》1998 年第 2 期

注 21“变化中的城市观念”，《建筑学报》1999 年第 8 期，并收入德国柏林出版社的《The Chinese City》一书

注 22“盖里的非线性建筑”，《新疆建筑设计》1998 年第 4 期

注 23“现代建筑的世纪绝唱”，《新疆建筑设计》1999 年第 1 期

注 24“对建筑的再认识”，《新疆建筑设计》1999 年第 3 期

注 25“非功能、非形式、非建筑”，《建筑学报》2003 年第 9 期

注 26“新疆地域建筑的过去的现在”，《城市建筑》2006 年第 8 期

注 27“新疆伊斯兰建筑的定位”，《建筑学报》1994 年第 3 期

注 28《中国古建筑之旅——新疆》王小东著 知识产权出版社 2003 年 5 月

注 29《伊斯兰建筑史图典 7～19 世纪》王小东著 中国建筑工业出版社 2006 年 10 月

（原载王小东著《西部建筑行脚》，中国建筑工业出版社，2007）

真实的感悟

邢同和

1939年12月生于上海，1962年毕业于同济大学建筑系城市规划专业。上海现代建筑设计（集团）有限公司总建筑师，教授级高级建筑师，同济大学博士生导师，上海现代建筑设计集团邢同和创作室主任，上海世博会建筑设计研究中心主任、总建筑师。主持建筑与规划设计50余项。

承蒙中国建筑工业出版社前总编杨永生先生的信任与关心，选择我作客《名师自述》。我原来不想参与，作为中国建筑师，在中国建筑界目前状况下，我愿意默默地去做作品，与世无争。杨总是我心中钦佩的总编，长期为中国建筑师呼唤，努力推介，扩大影响，让我感动，了解杨总编书的初衷后，就写点真实的感悟作为自述吧！

我热爱建筑，对建筑设计爱不释手，情投意合，可以说几十年如一日。我是一位在建筑设计第一线上勤恳耕耘的一名建筑师，我把设计好作品看作自己的生命。记得上大学，建筑学是我第一选择、第一志愿，进入同济五年，蒙名师授教，又结合自己兴趣爱好，事事虚心求学，专心致志攻读了五年。1962年来到上海民用建筑设计院向陈植院长报到，转眼整整45年。我为建筑奋斗了45年，建筑也陪伴了我45年。许许多多日日夜夜、许许多多节假日我都是在建筑创作构思中度过的，其中，数不清的寂静半夜，我会激起灵感，甚至在梦中悟醒，赶快起床记下这片刻闪光！也有无数次地在长途飞机、火车上伏案创作——速写本上一页又一页翻了过去，留下了记录时空的草图。

我的遐想美丽，生活充实，追求值得。信念与自信，让我长期坚持了下来，义无反顾，执着再执着，一年又一年。45年中，我是渐渐进入角色，潜心投入设计创作。从方案构思、施工图纸、详图节点，协调统筹工种，配合施工，直到建成竣工的全过程。一项工程、一个作品的完成，仿佛是十月怀胎终于生就孩子。这种愉快、欣慰是无法用语言来形容的。

感谢母校培养、传授给了我扎实的基本功和寻求知识的引领。在同济让我学了规划、建筑，还选修了园林。使我在心爱的岗位上能参与主持了城市规划、建筑设计、室内设计、园林景观设计等等各领域的项目。时代也为我创造了千载难逢的机会，不少重大工程、标志性建筑以及中外合作设计项目的亲身参与全过程的经历，使我荣幸地见证了上海改革开放的大发展进程。从规划蓝图到建设过程，我心中有详详细细的一本"账簿"，有许许多多感人的岁月记忆，难忘的设计与建设故事。真是一曲走过来而且还要走下去的长征交响。

让设计作品说话。

让历史来检验作品。

这是我信奉的建筑创作真理，最有说服力的哲理。建筑师在创作时间中会遇到各种有形无形的诱惑，酸、甜、苦、辣的磨练，主观上的努力与奉献，客观上的机会与运气都有。在我的设计生涯中，就曾经设计过最小的"茅草亭改造"，最高的"580m超高层方案"，也做过最平民化的大众住宅，最保密的"特殊工程"。也经历国内国际设计竞赛的挑战，业主信任设计的免标……

它涵盖着技术上、精神上的终生难忘、终身得益。关注环境、关注功能、关注文化是我牢牢抓住的指导，而且扎根在我的创作道路中。我曾比喻：建筑是一棵有根有生命的树。其根植于地域文化、地域环境，其生命在于科技创新。可谓创意无限，创意成就梦想。我得到过不少优秀设计奖和荣誉称号，但这都是一时的光彩，早已成为过去，我惟一告诫自己的：必须对每次设计都力求交出有深度具品质的作品。严格要求自己：学习吸收新的知识与技术，深入调查研究，现场察勘、考察。坚持多做比较方案，在设计与建设过程中虚心修改，精益求精，让每个作品都站得住。在做名人伟人纪念馆设计时，我收集、阅读许许多多伟人作品、传记、报告文学，在做博物馆、美术馆时更是钻研、拓展文化艺术广阔领域，抓住参观、考察、寻求新知的机会。建筑学习与创作是无止境的，只要一个人的思想没有枯竭，建筑创作的追求也不会枯竭、停止。

我虽然不是国家勘察设计大师，不是工程院士，不是梁思成奖获得者，但这并不影响我从建筑设计领域的成功中获得真正的内心的欣慰与幸福感。我走到哪里、设计跟到哪里，作品留到哪里，与人们的友情建到哪里。我由衷地知足，知足使我心态年轻，人生快乐无穷，事业追求无尽。我想，这也许是在各自岗位上默默奉献的中国建筑师的心态和人生吧！记得当我站在美国迈阿密林肯剧场做演讲，在日本东京大学圆形大厅作学术报告，在韩国汉城国际会展中心发表论文，在前南斯拉夫建筑学会介绍上海城市与建筑时，看到华侨听众激动流泪的动人情景，国外的建筑师朋友站立鼓掌的刹那，我怎么能不为中国骄傲，为上海骄傲，也为作一名中国建筑师倍增自信。

在这里，我情不自禁地联想到“梦开始地方”——上海外滩。我大学毕业设计“吴淞口新外滩”获得了答辩的高分（5分），我工作近20年的地

上海北外滩国际航务中心

方也是外滩。而且还在90年代主持设计了老外滩风景带的改造。建成后，亲眼目睹达亿万人民在风景带上走过。2001年又参与了在黄浦江畔举办世博的申办规划直到近年来的筹备项目。还相继主持了十六铺外滩改造项目。一位上海建筑师能在上海母亲河上设计、建成多项“梦寐以求的作品”那是多难得！多美妙啊！而它现今又一直延伸到浦东！上海市中心的人民广场是上海政治、文化的核心。我又能主持“上海博物馆”及“上海美术馆”（历史建筑保护项目）设计。那是用心、用感情，努力融合技术与艺术，传统与现代来试图铸就“经典”。继而又拓展到著名的南京路步行街上，本人又主持了亲民性、开放性的南京路“世纪广场”，这是一项聚焦文化、渗透环境的新城市空间。连著名的淮海路、虹桥、徐汇区都留下我丝丝入情的作品，如国际购物中心、龙华烈士陵园、千禧海鸥大酒店等，印记了建筑师跟随时代留下的脚印。值得一述的是：名人、伟人、纪念性建筑领域，我是用怀抱绿色环境、拥抱人民大众去纪念追思，诠释名人、伟人的人生目标、人生轨迹的。烈士陵园歌颂的是生命的鲜艳，邓小平、陈云纪念馆建筑塑造的是伟人的平凡与崇高，鲁迅纪念馆体现的是民族之魂，我终于以“建筑”竖起了人们精神上的永恒纪念，造就了一个个不雷同的个性化建筑作品。建筑是对人民负责的创作，建筑师独立创造的精神空间要同服务于人的使用功能紧紧相连。精品佳作首先让人“满意”。我也有幸设计了大量的“住宅区规划与住宅”，“学校与医院”项目。从大学毕业进入民用院的第一个设计——“七一中学”与“华山医院”开始，一直到当今21世纪，我又回归主持了“世博家园”的平价房住宅区设计。一项一项的作品，一步一步地创作，一个一个的积累总结，一次一次地超越自已，今天自己设计而且终于建成的100多项作品真来之不易，是人民的金钱，劳动者的汗水，青年助手的合作结晶，是持之以恒的努力成果。我领悟了一位人民建筑师，大众建筑师和祖国大地与人民的共生共长，共呼吸共命运的无尚荣光，无限幸福！邢同和的名字属于平和、大同并融入和谐。

这是在同建筑相伴的漫长岁月里我的拥有与失去，我的机遇与挑战，我的平淡与精彩，我的“心想事成”与“永不满足”！请给予指教！谢谢！

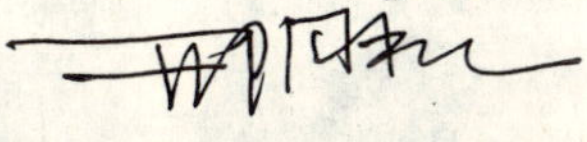

2007年8月4日

陆家嘴金融大厦

世博馆

上海大世界改建

金茂大厦（合作设计）

邓小平故居陈列馆

音乐学院

上海龙华烈士陵园

浦江 世博家园

鲁迅纪念馆

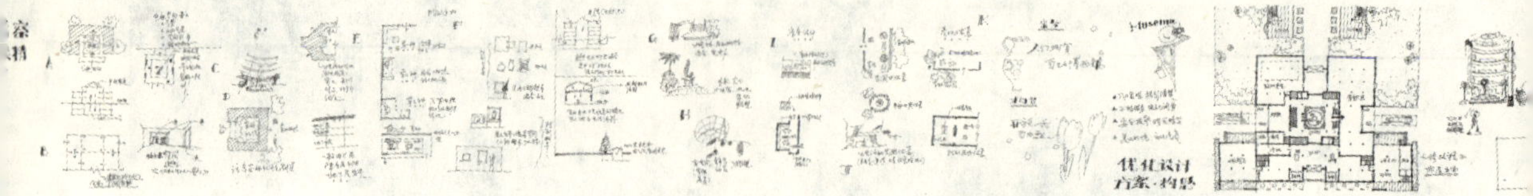

上海博物馆

上海博物馆

上海博物馆

音乐学院沿淮海路教学楼鸟瞰

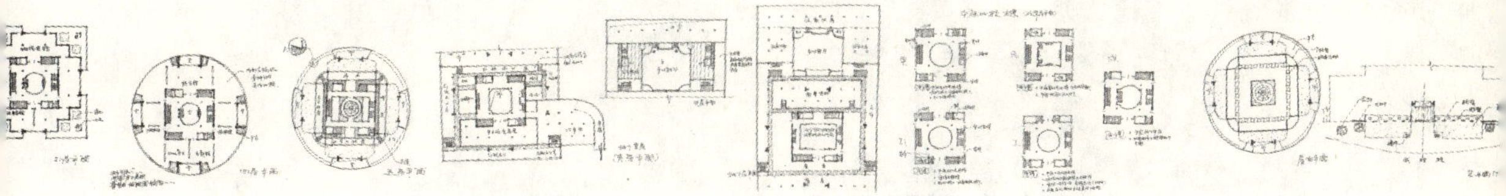

上海科技馆（合作设计）

上海科技馆（合作设计）

“以有涯逐无涯”，不亦乐乎！

程泰宁

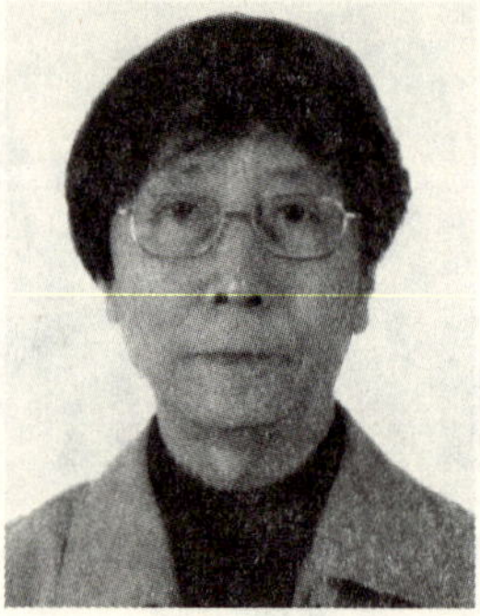

1935年生于南京，1956年毕业于南京工学院建筑系。现任中国联合工程公司总建筑师，中联·程泰宁建筑设计研究院主持人，浙江大学、东南大学等高校兼职教授。主持国内外重要工程50余项。2000年被评为中国工程设计大师，2004年获第三届“梁思成建筑奖”，2005年当选中国工程院院士。

庄子曰：“人生有涯，而知无涯，以有涯逐无涯，殆矣！”

一直以来，我十分欣赏庄子的超脱和浪漫，但惟独这句话，似乎不应出自这位大智慧者之口。其实“以有涯逐无涯”给求知者们提供了无限广阔的空间，任尔“扶摇直上九万里”，这是一个多么令人神往的境界啊。对建筑师来说，“以有涯逐无涯”给每一代、每一位建筑师带来了创作的无限可能性，这难道不是一件很能激励我们不断“创新求变”的好事吗？何谓“殆矣”？！

事实是，建筑之于我，始终有一种神圣乃至神秘的感觉。设计的项目愈多，接触的东西愈多，愈觉得在建筑学的大海中游泳，实在是无边无垠，而又深不可测。我想这不仅是因为建筑学本身所具有的特殊品质——综合性、多义性和模糊性，同时也是因为社会的发展，不断地赋予建筑学以新的内容。我根本不相信所谓“建筑学将在2050年死亡”的说法，但我愿意把它看作是对建筑师的警告：社会的发展速度愈来愈快，摆在我们面前的问题也愈来愈多——

纳米材料、虚拟空间会给建筑带来怎样的影响？宽带网、数字化对人们的生活方式、行为方式所产生的影响怎样反馈给建筑？跨文化发展带来的碰撞交流，又将使人们的审美方式和价值取向产生什么样的变化？如果对发生在自己身边的这些变化不去关注，老是囿于对建筑的传统式理解，在形式、风格上兜圈子，那我们只能落伍。

正因为如此，我不敢"玩建筑"（这和创作心态的放松和创作思路的放开无关）。面对不断变化、令人眩目的世界建筑的现状和未来，我只能认认真真地学习，认认真真地思考，认认真真地创作。

正因为如此，我把每一个项目的设计都看成是一次"创造"的机会。我认为，由于每一个工程的条件不同，加上建筑师的不同诠释，就会自然生成出完全不同的创意方案。所以，我们实在无需拾人牙慧，模仿他人，也不应故步自封，重复自己。面对创作世界的"无涯"，我们需要的是激情，是一种不断思考、不断探索的创作状态，这也是一个建筑师应有的专业素质。

也正因为如此，我常常在想：我的创作应该表达什么？因为相对建筑内涵的多义性和解答的无限性，建筑师在自己的作品中所作的诠释实在十分有限，即使是世界知名的大师巨匠，也只能从有限的范围去认识和解读建筑，因而也不过是"一隅之见"。而他们之所以成功，则是因为他们不仅把握住了建筑学的发展趋向，特别是他们选择一个极其适合自己气质、并能充分发挥自身优势的切入点，在作品中酣畅地诠释了自己的思想。基于此，也基于对"无涯"的认识，长期以来我一直试图在宏观把握的前提下，结合自身的条件，努力寻找适合自己的切入点，来表达我的"一隅之见"。

多年来，在创作中，我思考过一些问题并力求通过作品把它表达出来：

我认为，创作，是观念的体现。创作的创新求变，关键在于观念能否随时代的发展而不断更新。而强调科学分析，提倡理性思考，是更新观念的一个极为重要的方面。于是，在突破了铁路旅客站设计中存在的种种传统观念以后，就有了杭州铁路旅客站的设计。

我以为，建筑创作就是"限制"。没有限制的作品只能是布景装潢。而在众多的限制中，环境，包括物质与精神环境对建筑的影响常常是最重要的。从环境出发，就有了黄龙饭店、加纳剧院，也有了像元华广场、联谊中心这些虽不理想，但确是从环境中生成的建筑。

近年来，我也认识到，保护生态环境，实现可持续发展是建筑师的天职。因此，在近年设计和建成的联合国国际小水电中心等办公建筑中，以及在上海

加纳国家剧院入口局部

杭州铁路新客站局部夜景

杭州黄龙饭店庭院景观

杭州元华广场

南站的方案设计中，我开始了这方面的探索。

我还以为，建筑的形式美是客观存在的。我们对形式美的探索仍然着力太少。我常常惊羡于抽象美和雕塑感的冲击力，喜欢在创作中寻找形式的矛盾和冲突，像加纳国家剧院、马里会议大厦、上海金山区政府办公大楼，以及中国海盐博物馆那样。

尽管有这些方面的思考，但这些年来，思考得最多的，仍然是关于东西方文化的比较，在创作中着力最多的，也是以东方文化为基点，探索东西方文化深层次融合的可能性。

可以说，从学校开始，我一直很注意包括建筑、绘画、音乐以及美学在内的西方文化的发展，也很欣赏那些确有自己创造而非哗众取宠的前卫艺术（建筑）家们的作品，西方建筑师张扬个性和形式感也经常“冲击”着我，促使我不断地思考、探索，并努力从中找出对自己有益的东西。但是在不同文化的坐标中游走，在与外来文化的碰撞中调整自己的运动轨迹，和抄袭模仿，走西方之路完全是两码事。作为一个中国建筑师，在长期的中西文化碰撞中，不仅使我懂得了世界文化多元化发展的必然性，也更深刻的理解了中西文化的异同和中国文化的深厚内含和它强大的生命力，理解了只有“此时、此地、自己”的创造才能使我们的作品在无尽的历史的长河中显现它的价值。

联合国国际小水电中心

上海金山区政府办公大楼

因此，对于有些人认为中国文化天然落后的说法，我只能表示遗憾。我不知道他们对中国文化了解多少，更不知道他们是否知道社会在发展，文化也在变化，历史上从来没有一种文化对社会的发展能够永远起到促进作用，反之亦然。在这里，我不想具体分析亨廷顿（S·Huntington）——一个西方中心主义者，在“文明的冲突”中提出的世界上没有“普世文化”，在21世纪，以中国为核心的东方文化必将复兴并对西方文化构成极大威胁；更不愿以中外很多著名哲学家提出的，“21世纪将是东方文化的世纪”的论断，来反驳那些把视中国文化为敝屣的人们。我只是想以一个建筑师的视角来比较东西文化的

浙江美术馆透视图

建川博物馆（俘虏馆）外景

建川博物馆（俘虏馆）入口看展室

建川博物馆（俘虏馆）展室

长短，并以自己的创作实践来印证以东方文化为基点，走跨文化发展道路的可能性和必要性；

在黄龙饭店的创作中，特别是在和美国、香港建筑师的方案比较中，我明显的感到东西方文化的差异，这种差异不仅表现在形式语言上，特别是表现在建筑观上。把建筑作为自然的一部分的东方式的宏观求整的哲学思考，不仅帮助我赢得了一次设计竞赛，并在旅馆设计模式上取得了突破，最主要的，是我体验到我走的是一条与别人不同的路；

同样，在河姆渡遗址博物馆方案以及在建川博物馆战俘馆的建筑创作中，从最初拘泥于单纯的建筑的形式表现，转而着力于意境和氛围的表达，这和我在走投无路时想起了“大象无形”、“遗其形似”这样传统的文化理念密切相关。河姆渡遗址博物馆所表达的历史感、神秘感，特别是已建成的战俘馆所营造的压抑、悲怆的氛围给参观的人们留下了深刻的印象。这是我试图超越形式美层面，对情境交流这种东方式审美的努力追求；

我还一直认为，江南传统建筑在传达中国文化的精神方面十分典型。在杭州铁路新客站、浙江美术馆等项目的设计中，我试图努力传达一种含蓄而有书卷气的流韵、一种文化格调。我以为，只有中国的、江南的，才是独特的；独

杭州国际假日外景

上海公安局办公指挥大楼外景

特的，才能与国外的，以及国内其他城市的建筑区别开来，也才有生命力；

当然，中国传统建筑的形式、特别是空间营造上是有自己特色的。宁波高教园区图书信息中心、绍兴鲁迅纪念馆那些水庭、小院、窄巷，以及海宁博物馆那种“散点式”的立面构成，都是从传统中“衍化”而来的。即使是采用铝板、玻璃等新材料为外墙饰面，杭州假日酒店的立面肌理，不也颇有中国味吗？

通过这些探索和长期的思考，也逐渐形成了我的建筑理念。我把它概括为“三个合一”，即“天人合一”、“理象合一”、“情境合一”。“天人合一”是把建筑视为相互联系的世间万物中的一个元素，由此建立我的强调宏观整体、自然有机的建筑观；“理象合一”是把建筑创作过程视为理性与意象（非理性）反复冲突、调适的复合过程，这是我的创作方法论；而“情境合一”，则是一种既重视“形式美”，又超越形式层面探索人的内心体验，表达“意境”的审美境界，这也是我所追求的一种具有中国文化精神的审美理想。

我希望我能走一条自己的路，一个中国建筑师的路。通过实践，我坚信，这条路是完全可以走出来的。从自己的实践中，我深深感到建筑创作的探索空间无限广阔，每一个建筑师的探索都可以独辟蹊径，“无涯”，不正是建筑学的魅力所在吗？

方向是清楚的，结果呢？对于建筑师个人就难说了。但是，这重要吗？对我而言，在浩瀚的建筑学的大海中遨游，“以有涯逐无涯”，不亦乐乎！

宁波高教园区图书信息中心外景

宁波高教园区图书信息中心文化沙龙内景

绍兴鲁迅纪念馆外景

绍兴鲁迅纪念馆休息厅看水院

海宁博物馆外景

马里共和国会议大厦外景

绍兴市民广场艺术中心全景

李叔同（弘一大师）纪念馆

我的路

何镜堂

1938年4月生，广东东莞人，1965年毕业于华南工学院。现任华南理工大学建筑学院院长兼建筑设计研究院院长、总建筑师，博士生导师、教授，中国工程院院士，中国工程设计大师，中国建筑学会副理事长，中国建筑学会教育建筑学术委员会主任。2001年获首届“梁思成建筑奖”。主持和负责设计重大和复杂工程100多项，获国家、部、省级优秀设计奖40多项。出版《当代中国建筑师——何镜堂》等四部著作。

一

我出生在广东省东莞市，那年代它还是一个小县城，这是珠江三角洲有名的鱼米之乡，家乡弯弯的河涌、浓浓的荔枝林、密密的山村构成一幅幅美丽的图画，从小吸引着我。少年时代，我常常带着干粮和画板、跟哥哥到郊外写生，慢慢培养了对画画的兴趣，而我又想当工程师，听老师说建筑师是半个艺术家，半个科学家，正合我心意，从而萌发了学建筑的念头。

1956年，我从东莞中学高中毕业后，随即考入华南工学院建筑系，这里历史悠久，师资力量雄厚，培养出来的学生思维灵活，实践和动手能力强。在老师的指导下，我继承了这种传统，以优异的成绩完成五年的学业，继而投考研究生，师从岭南建筑大师夏昌世教授。

研究生四年，我如鱼得水，陪同导师走遍粤中四大名园及潮汕庭院，又一起调研北方皇家花园和江南园林，协助导师对岭南建筑作了专题的研究。

对专业的酷爱和校园良好的环境，使我全神贯注在学习上，当时国家还是处在困难时期，但这对我毫无影响。我常常在公共汽车上记外文单词，速写本不离手，走到哪里画到哪，留下了许多实测手稿和拍下了大量的建筑实录并加以分类整理。1964 年我到北京为毕业论文收集资料，找到一本很切题的英文书，一共 60 页，但只能借几天，那个年代没有复印机，住在北京四合院式的小招待所里，条件很差，但是为了我的学习，我毅然决定把它全文和图表抄录下来。今天看来，这似乎是一件很笨的事，但却磨练了我的意志和毅力。如今，我偶尔拿给一些学生看，他们对那密密麻麻的英文小字，徒手勾画的图标及那么多的页数，无不感到惊讶。

毕业了，我从学校走上社会，同许多青年一样本希望“海阔凭鱼跃，天空任鸟飞”，干一番事业。但是不久碰上了“文化大革命”，全部人员去到湖北一个偏远山村插队落户当农民，过着日出而作，日落而息的农家生活。我夫人在北京市建筑设计院工作，我们两地分居，几经努力，我终于 1973 年调到北京从事建筑设计工作。

“文革”时间，虽然浪费了宝贵的青春年华，但感到庆幸的是我学习了《辩证法》、《矛盾论》、《实践论》，久而久之，慢慢学会在错综复杂的事物面前抓主要矛盾的思维方法和因时间、地点、条件不同去分析问题的方法。真没想到，这些学习成了我后来从事建筑创作的一些哲学思想基础。

随着“文化大革命”的结束，中国开始进入以经济建设为中心的历史时期，百业待兴，基建项目上马，沉默了多年的建筑界又开始活跃起来。已到四十而立之年的我出于对建筑的爱好和事业心的驱使，犹如“久旱逢甘露”，抓紧一切机会学习和实践，全身投入当时有限的建筑设计中，从此，我开始进入了建筑创作的黄金年代。

二

1983 年 5 月，我全家四口从北京回到母校华南工学院，这里有我的老师、同事和我熟悉的一切，高等学府的学术研究氛围将会给我从事创作、研究和实践提供广阔的空间。报到后，我们先下榻在学校招待所，数天后，陈开庆院长告诉我，深圳科学馆要举行设计竞赛，这是一个很有影响的工程项目，但时间只有三个星期，不知我能否参加？我的第一个反应是“机会来了”，当时托运的行李还没有到，家还没有安定下来，然而一股创作的热情驱使我和夫人毅然接受回归后的第一个挑战，经过 20 多天日夜奋战，我们一举夺标并成为实施工程，打响了回来的第一炮，并在《建筑学报》发表学术论文，作品建成后又得到了多个奖项。自此以后，我对每一个重要项目都提出要求，力争达到优秀设计的同时，认真总结，在科研和理论研究上也有所建树。

当学生时，老师常对我说，建筑包括生活的方方面面，建筑师是最懂得生活的，也是最会抓紧机会学习的。我常记住老师的教导，听前辈指点，向同行学习，向社会各行各业的人请教。在献身建筑事业的生涯中，曾经得到许多老前辈的指点。在岭南建筑界中，给我影响最深的是我的导师夏昌世教授，他知识渊博，思维敏捷、灵活，讲究实效，从不墨守成规，他既是一位建筑教育家，又是一位杰出的建筑师和园林学家。夏教授早年留学德国，他把德国建筑的理性、精巧、实用与中国园林的自然、灵活、意境结合起来，进行建筑创作，他的设计思想和作品体现了岭南建筑的开朗、朴实、兼容，是岭南现代建筑的创始人之一。

80 年代中期，我院聘请佘畯南、莫伯治二位老前辈为顾问教授，并安排我协助二位老先生培养硕士研究生，因此有一些工程我们共同主持设计，这使我有更多的机会向他们请教和学习。1985 年由莫总和我共同主持设计西汉南越王墓博物馆工程，参加设计的还有李绮霞高级建筑师和马威、胡伟坚二位硕士研究生。这是我院一项较有影响的工程。从总体规划到个体设计，从一期的陈列馆到二期的珍品馆，总体的完工先后经历了六七年的时间。这是一座古墓博物馆，从一开始，我们就立足于创新，力求设计一项既传译二千多年前的历史文化，又体现时代和文化气质的现代建筑。我们从总体布局到个体设计反复构思，认真推敲，施工阶段常到现场配合施工和因地制宜及时修改。首期陈列馆立面造型直到外墙完工后仍未定下来，后来我们在东莞家乡找到与古墓质感相适应的红砂岩石材作外墙挂石，并请雕塑家潘鹤教授设计浮雕和门前石虎，使工程按时完成。这个项目获国家优秀设计金奖等许多重要奖项。两期工程的创作均在《建筑学报》上分别作了介绍。这项创作的成功，充分体现了高等学校在设计、科研、教学三结合的优越性。可以想像，如果没有学校的学术大环境和三结合的集体创

西汉南越王墓博物馆

作班子，是很难完成这一精品设计的。

1989 年，我开始为国家培养硕士研究生。1996 年国务院学位办批准我校设立建筑设计专业的博士点，我成为建筑设计及其理论专业首批博士导师，开始培养博士研究生。从当年的设计为主转到设计与科研教学相结合的道路，这正是我回学校工作的初衷。我根据专业的特点和社会的需求，尝试将研究生的培养定位在理论与设计的结合上，既非纯理论的研究，也不是一般的职业建筑师，而是有较高创作和学术水平的研究型建筑师。

我在学生中既是导师，又是战友，不分彼此。在创作团队中，一起构思，亲手勾画草图，常常工作到深夜，虽然辛苦，但共同的建筑激情使我们饱尝创作的快乐。在我 60 岁生日的那一天，学生们别出心裁以我回广州后的第一个作品“深圳科学馆”为造型，送给我一个重 28 磅的生日大蛋糕，当时我为学生作了一场学术报告，从此以后，每年生日及教师节，学生都从各地回来，欢聚一堂开办学术交流会，他们中有的已是教授和导师，有的还是 20 多岁的青年娃，济济一堂，十分高兴。

1994 年，建设部授予我“中国工程设计大师”的荣誉称号。学校也给我重奖，我把全部奖金捐给我的母校，以表达母校和老师对我长期培养和教育之情。获大师称号对我是极大的鞭策和鼓励，激励我更加奋发献身于中国的建筑事业。

三

1999年底，我当选为中国工程院院士。我成为学校自己培养的第一位院士，感到既高兴又责任重大，自此以后工作反而更忙了。过了六十岁的我，原以为人生已到了转折点，今后可以像我的同学一样随心所欲地过点休闲的生活了，可以和老伴安度晚年了。然而人生的道路常常不是按固有的程式展开的，在世纪之交，正是我国经济建设的黄金年代，社会的发展，大规模建设的需要，当上院士的责任，不知不觉又把我推到了经济建设的风口浪尖，而我对建筑事业钟情酷爱，更离不开身边大批可爱的莘莘学子和团队。在“花甲之年”，我又开始了新的征途，走上了一条比过往任何时候都更艰辛、更充实而又有满足感的人生之路。

事情还得从教育的大发展说起。我长期生活在学校，对校园充满活力的生活情有独钟，校园优雅的环境和浓厚的学术氛围常常使我兴奋和陶醉，自然对校园的规划和建筑也产生浓厚的兴趣。90年代末，适逢我国高等教育大发展，浙江大学在全国率先改革，学校扩招，筹划建设新校区，在全国征集设计方案，我听到这个消息后，就像18年前从北京刚调回广州参加“深圳科学馆”设计竞赛时一样的心情，“机会来了”，我当即组织几位研究生，全身投入这个竞赛中去……

我主持设计的浙江大学规划设计成果得到了专家评委的认同，在全国一百多个参赛方案中评为一等奖，并作为中标方案建设，这无疑对我们是一个很大的鼓励，我全力投入到这个项目的设计和施工中，不下数十次飞赴杭州配合施工，建成后得到大家的肯定，并获国家优秀设计银奖和教育部一等奖，先后两次在《建筑学报》发表了论文。接着不少校园规划竞赛接踵而来，面对如此多的校园规划任务，我开始较系统地研究新时期大学校园规划建设的理论和方法，并着重研究适应现代教育要求的校园规划结构、交通网络系统和建筑群空间组合形式，探讨“环境育人”和“交往空间”的模式和校园生态化、园林化、组团化的设计策略，并通过大量的校园规划实践去发展和完善新的设计理念和方法。

2001年初，我主持设计华南师范大学南海学院，这是一座尺度适中、景色宜人的书院式校园，其造型典雅、新颖，现代岭南特色鲜明，而且从设计到完成，仅用了11个月就建成了一个具有时代特色的岭南新校园，并

浙江大学

华南师范大学南海学院

被评为教育部优秀设计一等奖和国家优秀设计银奖，2002年4月在《建筑学报》发表了“浪漫与理性交融的岭南书院”论文。

2002年，我主持了无锡江南大学规划，这是一所3000多亩的大校园，规划不落俗套，将太湖景区引入校园成指状形布局，建筑群与园景穿插，朴实自然，并组织了一条步行学术街连结各功能区，将江南水乡一河两岸传统特色引入建筑群中，整个校园体现了江南人文和园林特色，被教育部评为优秀规划一等奖。

2004年，我主持广州大学城二组团规划，并完成华南理工大学和广东

江南大学

广州大学城组团二

广州大学城二组团
华南理工大学校区

广州大学城二组团
广东药学院校区

药学院两个校区设计。我们研究多年的校园规划理念在这里得到很好的体现，无论规划及单体建筑都得到各方的好评，并分别获得教育部和广东省一等奖，国家优秀设计铜奖。

2005年我主持一批山区的校园规划，我们针对山区的气候和环境特点，依山就势，因地制宜，不拘模式，使校园功能与环境有机结合，特别在建成的重庆大学、重庆工学院、南京审计学院等一批全新山地校园中得到了较好的体现。

几年来，我们通过竞赛中标完成了100多所大学的规划设计，获得了一批国家及省部级奖，我先后在《建筑学报》发表了十多篇有关校园规划设计的学术论文，新时期大学校园规划设计成了我校一个亮点，并得到建筑

重庆大学

界同行的认同和肯定。近期我们正对这一时期大学校园规划建设进行总结和研究。目前正承担国家自然科学基金科研项目，并筹划出专著，这也是我们对这一历史时期大学发展阶段所作的研究和实践的一个总结和交代吧！

四

我从小喜欢建筑，向往创作，平时翻阅一些杂志，或出差在外考察参观，看到有特色的建筑，就会着迷，就会联想。几十年的建筑创作和探索，使我养成了思考的习惯。一个建筑师，首先要培养自己的创作思维方法，古罗马建筑学家维特鲁威说："哲学可使建筑师气宇宏阔。"通过工作实践，我深切地体会到建筑师的培养，首先要使他们有一个正确的思维方法，这是最根本的基本功。我与一些学生或青年建筑师接触时，发现他们有很好的表现手法和技巧，对国外一些建筑流派或作品也较熟悉，但一接触到具体项目时，面对错综复杂的因素往往无所适从，把握不住方向，有的在学习国外一些名家作品时流于形式或构件符号的套用，抓不到要点。分析一下国外一些优秀作品时，都可以看到这些佳作从整体到局部都贯穿一个明晰的构思。我常对学生说，建筑是一门交叉学科，涉及技术、艺术和社会方方面面，既要具有 1+1=2 的逻辑思维能力，又要学会可能 1+1 ≠ 2 的辨证思维方法。设计过程本身就是一个优选的过程，不但要善于学会抓主要矛盾，还要善于区别不同阶段有不同矛盾和重点，先考虑什么，后考虑什么，从整体到局部层层展开，不要颠倒主次先后关系。另外，建筑设计由于时间、地点和条件的变化必然有所不同，建筑师的思维要灵活，要树立变化和发展的观点，对过时的东西要敢于自我否定，只有这样才能向前发展，设计才会创新。这些都是建筑师需要掌握的创作哲理。

一个建筑师从事建筑创作，需要有一个科学的创作理念来指导，才能作出正确的判断和定位。通过多年的建筑研究和学习，特别通过许多工程实践，我不断探索建筑创作的方法和规律，逐步形成建筑创作要体现地域性、文化性、时代性的一些构想。我认为优秀的建筑创作不但应满足使用功能的基本要求，还应体现所处地域环境的特征，体现较高的文化品位和浓郁的时代气息。

在这期间，我主持创作了鸦片战争海战博物馆、华南理工大学逸夫人文馆、中国市长大厦及大都会广场、桂林博物馆、9·18纪念馆方案竞赛、东莞西城文化中心等一批有影响的设计，许多项目建成后获得了国家或部省级优秀设计奖，也分别在《建筑学报》发表文章作了专题的论述。

1996年初，我在《建筑学报》写了一篇短文，“建筑创作要体现地域性、文化性、时代性”，首次在学报上提出了我的创作思想。2000年中，我在中国工程院学术会上作了地域性、文化性、时代性的学术报告，后来在2002年9月《建筑学报》上发表了“建筑创作与建筑师素养”一文，较为系统地论述了我所主张的创作理念，即二观（整体观、可持续发展观）、三性（地域性、文化性、时代性）学术观点，以及三者之间的辩证关系，并在多次的全国学术会议上作了交流。20世纪末，正是我从事建筑创作最活跃的年代，我以“二观三性”为指导，从事大量的建筑创作，通过创作实践使我的创作

左下：10 大都会广场及中国市长大厦

右下：鸦片战争海战馆效果图

理念不断在丰富、完善和发展。

2002年，我和倪阳副总建筑师承担了华南理工大学逸夫人文馆的设计，该馆选址于校园教学区的中心，位于东西两湖的交接处，视野宽广，环境优美。我仔细研究了项目的条件，并以“二观三性”理念为指导，提出“宜低不宜高、宜散不宜聚、宜透不宜堵”的设计策略，创作了一个玲珑通透，与周围环境和谐，有岭南地域特色和时代精神的校园新建筑，建成后已成为全校师生聚合和交流的地方，并被评为建设部和教育部优秀设计一等奖和国家奖，获得建筑设计的最高荣誉，也在2004年第5期《建筑学报》发表了“环境·人文·建筑——华南理工大学逸夫人文馆设计”一文。

2005年4月，南京市举办了侵华日军南京大屠杀遇难同胞纪念馆扩建工程国际设计招标，我带领团队应邀参加，这是建筑界一次较为瞩目的国际竞赛，面对这样一个有重大政治和历史意义的悲惨事件，我很快意识到，这不仅是一组建筑设计，而且要营造一个精神场所，让人在这个特定的场所中去感受心灵的震撼，同时还要处理好与周边城市环境的关系，要延伸原有纪念馆的脉胳和风格，从整体上营造一个从战争—屠杀—和平的空间序列和精神场所。在构思过程中，当时碰到不少问题把握不定，我和设计人员再到现场调查和感受，请教老馆长，理顺流线，将主体建筑下沉，结合狭长刀把地形，最终形成一个“和平之舟”的构思方案，6月下旬，在评审会上，我向以吴良镛、齐康院士为首的评委会作了方案汇报和答疑，我们的方案最终被评为一等奖并付诸实施，并在《建筑学报》2005年第9期发表了“侵华日军南京大屠杀遇难同胞纪念馆扩建工程创作构思”的文章，在其后的两年中我和设计人员不下数十次赴现场解决设计和施工中的问题，设计团队的敬业精神得到省市领导的多次表扬和肯定。

2007年4月，建设部和上海市举行中国2010年上海世博会中国馆设计竞赛，这是我国建筑界一件大事，近年来，国内的一些重大项目多由国外建筑师承担，而这次要在全球华人中征集方案，影响深远，也是一次展示中国人智慧和力量的创作。作为一名中国建筑师，深感历史的重任，也是我建筑师生涯中较为重要的一次创作实践。接到任务后，我组织了以博士生为主的十多人设计团队，围绕如何表达中国特色进行攻关。中国地大物博、历史悠久、文化内涵极为丰富，很难用一个具像来概括，我们从中国印象和中国传统器皿中，特别从中国传统建筑元素中去领会，加以整合、提炼而形成“中国器”的构想，用“中国器”作为国家馆来表达“中国元素”和

左上：华南理工大学逸夫人文馆

右上：华南理工大学逸夫人文馆全景

侵华日军南京大屠杀遇难同胞纪念馆扩建

侵华日军南京大屠杀遇难同胞纪念馆扩建

左上：2010年上海世界博览会中国馆

右上：2010年上海世界博览会中国馆

中国人的文化气质，表达一个中国魂，并在总体布局上将国家馆架空升起，屹立在黄浦江边，既突出国家馆的主导地位，也在世人面前展示了一个中国的舞台。架空后，国家馆壮观，有力度，也留出大片城市空间作为市民活动的平台。在具体构成中，我们吸收了中国传统城市的肌理、中国建筑构架和色彩特点，以现代立体构成手法加以整合，形成结构统一、肌理清晰、层层悬挑的网络结构体系。这个方案得到评委的一致好评，最终在全球华人344个方案竞赛中夺得第一名，其后在入围的方案中深化和完善，最终评选仍名列前茅，在建筑界产生较大的影响。目前中国馆方案正以我院“东方之冠”作为国家馆的主体与清华大学合作组成团队深化设计，中国馆举世瞩目，我主持了这个设计感到压力很大，同时也深感荣幸和历史责任的重大。

这几年我带领团队还参加了许多全国性的工程竞标，其中包括安徽省博物馆、北京藏学研究中心、宁波帮博物馆、广州城市规划展示中心等一些有影响的项目。每次设计定位，我都习惯以“二观三性”的设计理念为指引，从分析项目的地域、环境入手，挖掘不同项目的历史文化特征和地形地貌特色，并与现代科学技术和表达手段相结合，寻求不同项目所需表达的创新点和突破点，在此基础上提出项目的创新定位和构思要点，再深化设计。

左上：广州规划展览中心

右上：宁波帮博物馆

右下：宝安行政办公中心

像安徽省博物馆以“四水归堂”来表达历史文化主题；北京藏学研究中心则着重于表达西藏地域文化特色；宁波帮博物馆以“三江汇流”为起点，结合江南水乡建筑文化，以现代手法演绎宁波人的奋斗历程；广州城市规划展示中心突出岭南气候和人文特色，表达广州现代山水城市的建筑风貌，这几个方案都在设计中夺标。此外，我还和孙一民教授合作共同主持了北京2008年奥运羽毛球馆和摔跤馆设计，在大型国际设计竞赛中夺标，并已建成使用。

北京工业大学体育馆（奥运会羽毛球馆）

2008奥运会摔跤馆

五

我从北京举家调回华南理工大学建筑设计研究院至今已有25年了，在这期间，我经历了设计院白手起家艰苦创业成长发展的历程，是设计院孕育了我，我与设计院同步发展，至今我当总建筑师18年，当院长已有15年，作为首任建筑学院院长也有10年了。我自问既没有当领导的天赋，也缺乏当领导的才干，我喜爱建筑设计，不善于做人的工作，好在有一个团结精干的领导班子，靠的是大家的融合和帮助，大家讲究效率、和谐共事，才渡过许多难关，得以发展。我作为院长，一是抓办院方向，充分发挥高校三结合的优势，确立了“扬高效优势、树精品意识、创优秀设计、送真诚服务”办院方针，二是抓人才，三是抓创优，四是抓团队建设。其余大部分的工作，全靠书记和几位副院长和同事们的帮助去完成。通过全院的共同努力，设计院的发展逐步进入了一个良性的循环中，院里有了一个激励设计人员奋发向上，而又能进行创作的宽松环境，无论获奖数和影响力都有很大的进步，在全国也小有名气，并为同行所认同，2007年还被亚洲著名传谋评为中国十大设计公司之一，其中在校园规划设计、文化建筑创作、超高层建筑、体育建筑和会展建筑等领域所取得的成果尤为突出，近年还获得三项国家优秀设计金奖，在多个国家重要设计竞赛中中标，其中2010年上海世博会中国馆、北京2008奥运羽毛球馆和摔跤馆、侵华日军南京大屠杀遇难同胞纪念馆等大型国际设计竞赛中标更引人注目，使我院的知名度和影响力有了长足的提升。

回学校从事建筑创作，走设计、科研、教学三结合的发展道路，这是我回母校工作的初衷，二十多年来我一直坚持不懈寻求发展的道路，在这个过程中，我放弃了去美国定居的机会，不断探索三结合的模式，也从许多三结合创作的成果中尝到了收获的喜悦。为了适应人才培养和设计市场的需求，五年前，我与研究生及设计骨干一起尝试组建创作工作室，进一步把研究生培养、建筑创作与研究结合起来，使三结合的模式落到实处。为了解决工作场所，我们自筹资金，把尚未分配的住宅首层改造为工作室，每天一大批青年人分组在这里工作学习、研究或讨论方案，到晚上工作室灯火辉煌，一直到深夜，依然见到建筑师的身影。这里既是建筑创作的场所，又是我从事研究生教学的基地。针对建筑专业的特点，我在研究生教学中着重强调四个方面：1. 学建筑首先要学会做人，作为一个建筑师，首先要有责任感和职业道德，在设计中处处从人的需要出发，突出以人为本，做好本职工作，力求把工作做得更好，服务得更好，并要有创精品意识。在具体教学中，我努力以自己的行为品德带领学生，以自己的勤奋和敬业精神去影响学生，以自己的人格魅力去感染学生；2．我从多年的建筑实践中，形成“二观三性”的创作理念，并以此来指导研究生，使他们在不断的创作实践中逐步树立正确的建筑观，善于从项目的性质和条件中去寻找项目所要表达的地域文化和时代特色，而不至于盲目抄袭或片面追求形式；3．强调创作思维的培养，针对建筑专业的特点，学会在错综复杂的设计制约因素中优选，抓主要矛盾和矛盾的主要方面，作出正确的判断和设计定位，而不至于在各种因素影响下“无所适从”；4．学会团队合作，当今建筑项目规模大、技术复杂、设计周期短，在剧烈的竞争中，一个好的创作，并非一个人所能完成的，学会团队作战，通过集体智慧合作共事，取长补短，发挥团队创新精神，就有可能作出较高水平的设计。在团队里我虽然是导师，但在讨论中，我强调学术民主，对学生有创意的构想，我都乐意引导，找出深化的途径，启发他们去完善和改进。通过这几方面努力，学生的进步比较快，在把握设计方向、树立正确创作思维方法和团队精神等方面都有较大的提高，而团队运作模式也成为我院建筑创作的一大特色，使我们在许多重要设计竞赛中获奖中选。

六

俗话说：“活到老，学到老”，这对建筑师来说尤为重要，现代科技文化高速发展，传统的、现代的都需要我们去了解、去学习、去创新。我从前辈的教导和多年的经历中深深体会到，一个成熟的建筑师需要深入社会、深入生活，考察各地各种文化和建筑是不可缺少的环节。这些年，随着改革开放，无论出差或探亲旅游，使我有机会到世界各地去参观、考察和学习。从1988年5月我和两位教授到法国巴黎进行学术交流开始，每年都争取有机会出国走走，不管是到欧美各国，还是到拉丁美洲、澳洲和非洲，每次我都注意考察记录和拍摄大量照片，从这些资料中去了解异地的历史文化和建筑特色，去分析和研究世界著名建筑师的作品和创作思想，去探索建筑地域性、文化性、时代性的真谛，从而丰富自己的创作理念和充实建筑的教学。在国外，每到一个地方，见到有创意的建筑，我会眼前一亮，我会着迷，全神倾注，我会情不自禁地冲上去拍照，走得比别人都快，生怕漏了些什么，经过一轮冲锋式的摄取后，当我坐下来或回到汽车上时，就感到疲倦得很或腿痛，而心里却是很快乐的！在历史传统建筑中，我陶醉那百看不厌的经典建筑；在现代建筑中，我特别喜欢能与环境融合、适用且在科技和文化表达上有创新的作品；而对于一些仅追求视觉冲击的所谓奇异建筑，我并不太认同。

许多大师的好作品都给我启示，尤其是能表达功能、文化和科技完美结合的作品，像贝聿铭、安藤先生一些表达东方文化哲理和空间环境的作品，福斯特先生一些建筑功能和高科技手段完美结合的作品，都给我留下很深的印象。此外，我们与国外著名设计公司合作时，也获得了许多有益的启示，

西塔

近日我作为主持人之一参加广州103层的珠江新城西塔设计，就是一个很好的交流和学习的机会。学无止境，只要我还能动，我就会寻找各种机会去实地考察和研究建筑的，这既是我的工作，也是我的生活。

七

有一回，采访的记者问我："你现在身兼政协委员、院士，既是教授、建筑师又是院长、总建筑师，工作如何安排。"我笑戏说："我现在当"三员"，即教练员（研究生导师），运动员（亲历亲为从事建筑设计）和裁判员（承担建筑咨询和评审工作）。"后来报纸上多次谈到我这方面的表达。确实，我现在当起"三员"来了，首先我当"教练员"带好一批博、硕士生是我的天职，也是我最基本的工作，正是我前面所说的，我从教学生做人，到教学生掌握设计理论和思维方法，学会团队运作模式，都极力从我的创作实践上去充实和提高，使理念不断更新，总希望能使学生快快成长而不误人子弟。第二，我当"运动员"，从事建筑创作，这是我的至爱，也是我几十年来不断的追求，有不少好朋友劝我，都快七十岁了，还自己操刀与年轻人一起搏斗，何苦呢？确实，我心里也有压力，当今建筑市场竞争剧烈，设计项目需平等竞争中标后才能取得设计权，而既然参赛了，作为老同志又特别认真，精益求精，希望能尽善尽美而特别感到艰辛。但我深信建筑竞赛没有常胜将军，作为设计院院长，如果不通过竞赛去取得项目，设计院如何能有立足之地呢？作为导师，如果不带领学生去实地搏斗又怎能培养未来建筑师呢？作为我自己，如果不通过实践拼搏又如何能得到锻炼和提高呢？赢了，说明我们的创作有特色，而输了，可以从别人中学习，认真总结而得到提高，正是这么想，才让自己坚持下去积极参赛，自然也有所收获，中标不断增加，既培育人才又出成果，何乐而不为呢！现在我的团队特别喜欢参赛，特别喜欢参加国际设计竞赛，经过几年锻炼，大大提高了我们的设计能力和水平，像2010年上海世博会中国馆等一批大型国际竞赛中选，正是参赛的结果。第三，当"裁判员"，为一些重点项目或国际设计招标当评委或咨询工作，如国家大剧院、北京奥运水立方游泳馆、香港中小学设计竞赛等，本身也通过评审、特别是国际设计招标，从中了解到不少信息和动向，不断丰富了我的学术和设计水平，也为做好教练员提供了许多帮助。

八

自从当选院士后，正好遇上城市大建设，教育发展的年代，我主持团队的设计项目一个接一个，每个中标的项目我们都认真去研究、去创作，建成后也获得不少奖项，我本人还获得了我国首届梁思成建筑奖，当上两届全国政协委员，被评为全国劳动模范、全国模范教师等一批荣誉称号，也挂上中国建筑学会副理事长、国务院学位委员会建筑专家评议组召集人等一批学术机构头衔，近年来一些报刊或电台也作了专题报导，我觉得自己差距还很大而深感内疚，我把它看作是对学校、对设计院和与我日夜拼搏奋斗的团队和研究生们的一种共同荣誉，真的建筑从来不是一个人的作品和功劳，这些荣誉和奖状既是对我们集体的奖励，更是对我们的鼓励和鞭策。

九

几十年来，我从研究生毕业立志投身于建筑事业，到承担大量的设计、研究和教育的工作，一直在摸索建筑创作之路，这中间有顺流也有逆境，有辛苦也有快乐。也曾站在十字路口，彷徨不知所措。也许因为我太热爱建筑专业的缘故，至今尚能适应如此繁重的工作量。“人在江湖，身不由己”，有时确实感到很辛苦，然而一个满意的创作构思或成功之作又使我精神振奋。每天在我身边总有一大群可爱的莘莘学子，我教他们设计，看到他们成才，他们使我心态变得更年轻，我们一起饱尝创作的艰辛与快乐。路是人走出来的，这一生，我选择了一条设计与研究、创作与教育相结合的道路，一条辛苦而快乐的路。

有次记者采访时问我人生最大的快乐是什么，我说当我漫步在校园里或走在大街上，不时遇上一些陌生的青年人，向我投以尊敬的眼光，亲切地叫声“何老师好”，我内心就感到无限的幸福和快乐。有一次我在广州大学城华工新校区观看艺术学院的首次演出，散场后，当我与同事边谈边步出广场时，突然一位女学生迎面向我鞠躬说：“何老师，我代表我爸爸向您鞠躬，感谢您为我们设计了这么好的一个校园……”记得有位名人说过，当你年老了，退下来时，人们一样尊敬你、关怀你、呵护你，你就是一个成功的人士，我虽算不上成功，而且还在拼搏，但我认同这个观点，似乎多少也有点感受。

无怨无悔建筑缘

黄汉民

1943年11月出生，福州人。1967年清华大学建筑学专业毕业。教授级高级建筑师。曾任福建省建筑设计研究院副院长、院长兼总建筑师，《建筑师》杂志编委。现任福建省建筑设计研究院首席总建筑师，福建省建筑师分会会长，福州大学、华侨大学教授。设计有多项作品，专著有《福建土楼》等5部。

一、知足长乐

回顾四十多年的职业生涯，自认为十分幸运，又十分知足。事实上谁都不是一帆风顺的！上大学时赶上经济困难时期，因患肝炎休学、留级。毕业时赶上“文革”，推迟一年才分配。“接受工农兵再教育”到崇明岛部队农场干了一年八个月农活。再分配到邮电部下属的武汉厂，先下车间劳动在当时是天经地义。为了结束两地分居调到广西兴安的三线工厂搞基建。三十多岁之前最年富力强的岁月，就这么一晃而过。得感谢邓小平恢复了研究生制度，才有机会继续深造。得感谢邓小平的改革开放，才得以在80年代“归队”，回到自己十分热爱的建筑设计这一行当。

钟情于福建民居研究、探索新建筑的地域特色之路也充满荆棘。改革开放初期，在崇洋媚外风行的年代，搞地域特色并不合潮流。本世纪初阴差阳错当了四年设计院长，赶上设计院改制的浪潮，又遇上个贪官上司，不得不全力以赴应对，又浪费了很多精力，把欠了多年的书稿又压了下来。好容易有机会设计“中国闽台缘博物馆”，其间由于筹建处的个别领导自作主张胡乱更改设计，为创政绩粗制滥造，工程质量一塌糊涂，当时气得我曾想过再也不做建筑设计了……

以上所述似乎十分倒霉，但不尽然，事情总有两面，在我看来这几十年跌跌撞撞走来，我还是十分幸运的。有幸考上清华，在清华整整 11 年，留了一级，上下跨两个班，加上念研究生三年，在清华同学多，老师认识的也多，自然学习的机会也就多。更有幸由王玮钰先生任我的导师。王先生的人品有口皆碑，王先生的学识，已有公论。从王先生身上我学到很多很多。所幸选择了福建民居这个研究课题，使我这一辈子都与它结缘，受益匪浅。

大学毕业到解放军农场锻炼，捞毛竹、建营房、种稻子、抢收抢种、斗私批修……似乎是苦一些，用时髦话说这是一笔“人生财富”。此话不假，吃过这些苦，后来下乡调查传统民居那些辛劳就算不了什么了。

到广西三线厂在基建科工作也是很好的锻炼，几百号人的施工队伍自己组建，从泥瓦工、木工、钢筋工到设备安装，在第一线经历了工程设计到施工建造的全过程，为日后的建筑创作扎下牢固的实践根基。作为基建科负责人，招工、计件、奖励、承包……在改革开放之前也算是开了先河，因为切合实际，还没来得及被“上纲上线”。在实践中练就的组织领导能力，也为日后在院长位上与贪官上司周旋作了准备。

研究生毕业回到福建。福建虽然“偏远”，但开放较早。福建省建筑设计院为我提供了一个大舞台。1983 年被派到香港 K.T.PILCOX 事务所工作一年，期间把九龙和港岛几乎所有的写字楼、酒店的大堂、中庭逛了个遍。那时有此机会的国内建筑师还真不多。在福建省建筑设计院连任 16 年副院长，4 年院长，兼任总建筑师至今 18 年。

回到家乡福建，固然建筑设计的舞台远不如北京、上海、深圳等地，但福建传统建筑遗产之丰富把我深深吸引。20 多年来与福建传统民居结下了不解之缘。这为我在设计实践中对福建地域特色的探索提供了有利条件。由本人主持设计的“福州西湖‘古堞斜阳’景点”、“福建省图书馆”、“福建画院”、“福建会堂”、“大进深住宅”、“福州鼓山苑住宅小区”等六个设计荣福建省优秀建筑设计一等奖，2 个设计获省优二等奖。7 个设计获省优三

福建会堂外景

福建会堂室内

等奖。这些设计作品在福建省得到大众的认可，就足以自慰。

在福建省建筑设计院主持技术行政工作多年，始终本着与人为善的原则，努力培养年轻骨干，鼓励破格晋升，实施院内聘用，通过有效的激励机制调动设计人员的积极性。虽然设计院改制流产，但已尽微薄之力，赢得口碑，足矣!

1986 年，福州西湖“古堞斜阳”景点创作体会的文章在昆明召开的“建筑理论与创作学术委员会”的学术年会上宣读。此后被选入建筑理论与创作委员会，成为当时最年轻的委员，较早地认识很多建筑界的老前辈、老教授。随着时间的推移，老人退了，年轻人来了，我介乎二者之间，又结识了不少后起之秀。广泛的交流，使我得益良多。

“中国闽台缘博物馆”的设计和建设过程中，偏偏遇到武断的官僚，为政绩不顾质量赶工期，室内外装修设计被无端篡改，种种的不尽人意伤透了我的心，如今不得不再花大钱整改挽救。但建成后建筑的大效果还是得到广泛的认同，泉州人把它看作标志性建筑而引以自豪。这对我也算是很大的安慰。

无奈眼前福建建筑创作的生态环境实在太差。要彻底改变这种状况，需要几代人的努力，根本的出路还在于提高全民族的文化素质。往后的日子里想干的事情很多，我不想把时间浪费在违心的设计上，最想在传统建筑研究和建筑科普方面多做些工作，如此知足了! 知足者长乐。

二、土楼情缘

20 多年前以福建民居作为硕士论文的选题开始，就与福建土楼结缘。硕士论文中仅只涉及到客家人的土楼。如若在外省工作，土楼缘也许就此了结。刚好回到福建工作，想看土楼的同行自然找上门来，于是我的“土楼缘”越结越深。正巧认识了漳州市文化局文物科的曾五岳科长，在他的指引下，才发现了闽南人的单元式土楼，才有了“圆楼的根在漳州”的论断。1988 年在建筑理论与创作学术年会发表了“福建圆楼考”一文，论文在年会上获“优异奖”，并发表在《建筑学报》1988 年第 9 期上。这是最早向学界介绍福建闽南人的土楼——二宜楼、南阳楼、雨伞楼、锦江楼的文章。

随着台湾开放大陆游，结识了台湾“汉声”杂志的黄永松、姚孟佳，才有了 16 天的福建土楼考察之旅，调查测绘了 72 座典型的土楼。台湾“汉声”

同仁对中国传统文化深厚的情感与执着的态度，深深地感染了我。在他们的促进下，才有了《福建土楼》专著的出版。1994年《福建土楼》上下册包括论述篇、图谱篇，由"汉声"在台湾出版，并荣获台湾《中国时报》评出的年度"十大好书奖"。同年又在台北举办了"福建土楼特展"。"土楼旋风"席卷台湾，后又刮到了日本。来探访土楼的台湾同行，日本、韩国同行络绎不绝，少不了叫我带路。我也因此得以免费考察，"顺手牵羊"测绘调研，从而延续了福建土楼的研究。就在一无科研课题立项，二无研究经费的条件下，利用建筑设计工作之余的时间，单枪匹马，艰难跋涉。1995年在福建教育出版社出版《客家土楼民居》之后，2003年又由生活·读书·新知三联书店出版专著《福建土楼——中国传统民居的瑰宝》。

20多年来，从第一次看见客家土楼，进而发现闽南土楼，到"二宜楼"率先列入国家级文物保护单位，以及近些年把客家土楼和闽南土楼统称"福建土楼"申报世界文化遗产。在各级领导和上上下下齐心努力之下，从选点、保护规划，到申报文本我都参与了，并做了我应该做的工作。明年7月"福建土楼"将通过联合国教科文组织世界遗产委员会的表决正式列入世界文化遗产名录。这一天终于要盼来了。

"福建土楼"有幸，我也有幸。因为土楼，我才有机会于1987年、1989年两次应邀赴美参加学术研讨会。到芝加哥大学、哈佛大学、明尼苏达州立大学、亚里桑那州立大学、伯克莱加州大学以及东京艺术大学讲演、介绍福建土楼和福建民居，并考察了美国、日本的现代建筑。因为土楼，我才被韩国仁荷大学作为特邀嘉宾，2000年参加他们建筑系成立四十周年的庆典活动，并作福建土楼的学术报告，同时到汉城大学、延世大学等地讲演、介绍福建土楼和福建传统民居，并考察韩国传统建筑。也是因为土楼，才与日本东京艺术大学的茂木计一郎教授、片山和俊教授有了合作研究的机会，并于2001年赴日本考察。也是因为土楼，结交了诸多台湾建筑师和教授学者，于1994年、1997年两次赴台交流，成为大陆建筑学者首次赴台访问团的九个成员之一。

单枪匹马调查土楼很艰苦，尤其是十多年前交通极为不便。记得那时是南靖县石桥村的村民张容进带我步行几公里，我才发现美丽的石桥村和经典的"长源楼"、"顺裕楼"。是张容进的母亲当向导替我挑着行李，带我翻越山岭，找一条捷径，直达永定县的古竹乡去调查土楼，当时两地还未通公路，若要绕行需两天才可能抵达。曾经和黄永松一行考察土楼从霞寨乡回平和县，乘的是农用车，顶着月光在崎岖的山路上行驶，剧烈的颠簸、致使镇政府放在车上让我们坐的木沙发散架崩溃，这个情景至今还历历在目。带着美国刘可强博士到南靖县塔下村考察土楼的那一次，站在手扶拖拉机的拖斗上，飞快冲下陡峭山路的惊险历程和紧张心情，回想起来还心有余悸……土楼之缘，使我认识了许许多多国内外同行。土楼给我的太多，我为土楼做的太少。土楼村落要保护、土楼旅游要开发、几十万仍住在土楼中的居民的生活条件要改善，如何延续福建土楼这个原始生态型建筑的传统，建造新型土楼民居、造福土楼居民，要走的路还很长，尽管还很艰难，作为一个建筑师，我责无旁贷，我要继续走下去。

三、地域特色

福建传统民居的研究，使我深受触动。传统建筑文化的博大精深令我震撼。福建民居建筑的丰富多彩，令我目不暇接。利用出差的机会，我不断地搜集各地传统特色民居的资料。1994年鹭江出版社出版了我撰文和摄影的《福建传统民居》一书。1995年与李玉祥合著出版《老房子——福建民居》(本人撰文，李玉祥摄影)。面对福建各地区传统民居的不同特色，更令我痛感当今建筑地域特色丧失的危机，并立志在这方面作些实践探索，毕竟建筑设计是我的本行。

如今对改变“千城一面”的状况,延续建筑的地域特色已有一定的共识。然而，如何走出“特色危机”，摆脱现实困境，在建筑的创作实践中必须处理好保护与发展的关系、继承与创新的关系、传统形式与现代生活需求的关系、地域特色与时代要求的关系。具体到单体建筑设计中，如何体现地域特色，这是一个与时俱进、不断探索的过程。

首先，在特定历史地段中，采用仿古的手法无疑是传承地域特色的一个途径。1985年冬，福州整治西湖，拟在西湖边水里原有的柱基上建茶室及休闲亭廊,恢复十景之一的“古堞斜阳”景点。当时还没有CAD,时间很紧，我只得徒手绘草图完成设计交付施工。把之前已备好料的黄琉璃瓦屋顶的方案彻底否定，采用仿福州传统民居的形式设计了一个新景点。特定的历史地段、特定的场所环境，采取仿古的手法体现地域特色，不失为一种有效的方法。当然仿古并非复古，而是仿照福州最有特色的曲线型封火山墙的形式，运用现代行为科学的理论，把一个小小的湖滨茶室景点，演绎得较为生动、活泼、实用且美观，创造了一个多种活动相互支撑的有生气的亲水空间。尤其是汲取传统园林的处理手法，完美地融合自然环境，尤其是保护原有的树木；或把树木包在屋里，或把大樟树围在院内，形成巨大树荫下的休闲空间；或选择在连片的树林中建小亭；或结合垂到湖面的枝干置莲步。在这里，地域特色的表现是采用仿古的手法，使建筑与特定地域的人文环境和自然环境融为一体。“虽为人作，宛若天开”，正是表述了这种和谐的境界。景点设计荣获1988年省级优秀设计一等奖（《建筑学报》1987年第3期“福州西湖‘古堞斜阳’景点创作谈”）。

其次，把地域传统建筑中最有特色的形式与元素加以提炼、简化、变形，以适应现代人的审美情趣，作为符号或语汇在新建筑中运用。因为它是启发地域建筑形式的认知、延续历史的记忆，最终达到文化的认同所必不可少的。正如贝聿铭大师在苏州博物馆设计中，富有苏州园林特色的空间尺度，粉墙黛瓦的色彩，以及景窗细部的处理，处处运用苏州园林建筑

古堞斜阳景点

的符号，处处延续苏州的历史文化记忆，从而达到“苏而新”、“中而新”的艺术效果。又如柯里亚大师在斋普尔艺术中心的设计中，曼荼罗的空间布局、粉红的墙面色彩、仿古的装饰彩绘、墙面上白色线条的勾划，都可以在斋普尔传统建筑中找到原型。正是如此才成就了最现代又最具印度地域特色的建筑空间。建筑艺术毕竟是一种造型艺术，建筑的地域性必然要反映在建筑形式上，必然要通过一定的形式语言来表达、通过清晰具体的形象来表现。建筑师就要善于抓住地域传统建筑中的精华，加以抽象、提炼，并巧妙地运用。同时要使新创造的形式与大众对某个地域建筑特色的“传统记忆”与“标准意象”相吻合，只有这样才能为大众所感觉并认知，为大众所认可和接受。

本人在“福建省图书馆”的设计中，把福州的曲线型封火山墙、闽南建筑起翘的天际轮廓、福建圆楼的立面形式、莆田民居用白石点缀的红砖墙、“嘉庚式建筑”红砖白石相间的墙面，这些福建传统建筑最具特色的建筑语汇变形、重组、综合加以运用，使福建省图书馆建筑深深地打上福建地域特色的烙印，使之成为只能是属于福建的建筑。设计在1997年荣获福建省优秀建筑设计一等奖(《建筑学报》1996年第7期“时代气息、乡土韵味——福建省图书馆设计回顾”)。

福建省图书馆

福建省图书馆

80年代初在福建省物资贸易中心大厦的设计中，第一次尝试在高层建筑中表现地域特色。在地段十分窄小的十字路口，建筑后退，形成前广场，为避开微波通道，建筑取高低错落的形式，为达到规划对高度的要求，客房标准层巧妙地作挖空处理，既避免了西晒，又增加了层数。屋顶女儿墙采用变形与简化的福州曲线型封火山墙。外墙面不用当时时髦的玻璃幕墙，也不用条窗，而是采用最简单的方窗、最经济的白色马赛克墙面、最简洁的墙面分格线与方形装饰的点缀，形成丰富的立面层次，表现其个性特征与风格特色，使之既富福州传统韵味又节省能源、节约投资。这是福州传统民居素雅风格的再现。它以鲜明的地域特色与十分经济的造价，赢得省内外专家的好评（《建筑学报》1990年第8期"新建筑地方特色的表现"）。

再者，我们不能仅仅停留在建筑的形式上，更要发掘地域传统建筑空间的文化内涵。显然，地域的地理、气候环境、自然资源，社会的政治、经济、人文环境，大众的文化心理、民俗民风等等因素，都是地域性建筑文化产生并继续存在和发展的基础。因此，建筑的地域性不仅仅是历史的产物，它一定有存在和发展的必要和可能。很显然，在诸多因素中，与社会、经济、文化诸因素相比，气候是最为恒定的因素。因此，地域传统建筑千百年来形成的空间特色，很突出地表现在对地域气候的适应，这是最应该引起我们重视的地域特色。因此，传承地域传统建筑特色的一个重要方面，就是

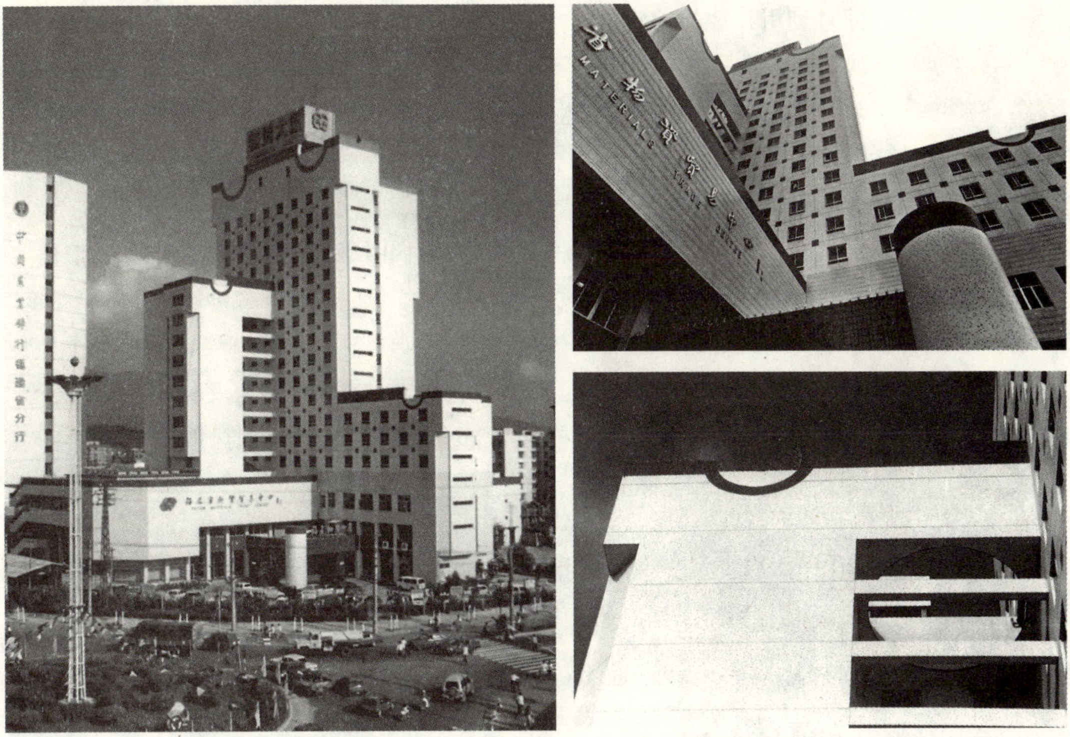

福建省物资贸易中心

要从传统建筑适应地域气候的经验中汲取营养，创造健康舒适的人居环境。

福建传统民居建筑中由小天井、宽回廊和开敞的前后厅组成“厅井”空间，是一个对室外开敞的半室内半室外的空间，在冬季，置身其中，寒风被阻隔，阳光穿过天井直射正厅，坐在厅里就能晒到太阳，创造了温暖舒适的居住环境。在炎热的夏季，小天井中太阳直射的时间很短，前后大小天井的温差形成自然气流，使“厅井”空间既阴凉又通风。天井中的花木带来大自然的绿意。夜间的星光月影、雨天的滴水雨声，更增添了“厅井”空间的诗情画意。这种空间布局形式是对福建气候最好的适应。汲取这个经验，在“福建省画院”、“福建省图书馆”的设计中，平面中采用大小庭院来组合，使室内大堂、中庭对庭院开敞，室内空间与庭院空间相流通，达到既融合自然又节约能源的效果。(《建筑学报》1993 年第 1 期“新建筑地方特色的再探索——记福建省画院的创作构思”)。在“福建会堂”的设计中，采用开敞的前庭，一方面表达了开放、民主的人民会堂形象，另一方面突破了基地空间局促的限制。既延伸了楼前广场的空间，又延伸了会堂门厅的空间。

同时利用开敞的前庭空间，补充休息厅的功能，这种设计也是对福建气候的适应，也只能在温暖的南方才可能出现这种建筑形式（《建筑学报》2004年第2期“破夹缝能顽强生长，虽无奈仍不断创新——福建会堂设计经验教训谈”）。

福建传统“手巾寮”、“竹竿厝”式民居，面宽小、进深大，院落、天井层层深入，并以窄巷串通。大小天井日照时数差异所产生的温差，形成空气的对流，窄长巷道的“拔弄风”，加强了穿堂风，有效地调节了室内温度。这是传统民居适应地域炎热气候的一个典型实例。1998年获得省优一等奖的大进深高层住宅方案，正是在现代住宅的空间布局上汲取这个传统经验，与地域气候适应的产物。福建大部分地区属于冬暖夏热地区，冬天不冷，

上：福建省画院

下：福建省公安学校图书馆

设计北厅大众能够接受，客厅对朝向的要求让位于对景观的要求。板式平面大进深、大凹槽，不仅节约用地，而且易于组织穿堂风，保证了卫生间自然通风，创造了阴凉的环境，这在福建炎热的夏季有很大的意义。因此，这种住宅模式在福建广受欢迎，这也是传承地域特色的成功实例。“福州鼓山苑住宅小区”和“花园台高层住宅”作为建成的项目，正是适应了福州的气候特点，分别荣获省优一等奖和三等奖。

此外，新建筑更要在精神层面传承地域传统建筑文化。我们要遵循生态环境科学整体性和系统性的原则，努力发掘特定地域群体的全部文化内涵和自然环境因素。这里包括物资形态的，如场所、建筑、遗迹、实物和非物质形态的，如传统习俗、宗教信仰、社会结构、社会心理、生活方式，以及自然景观、水文地理、气候特点等等。在设计中予以充分的尊重与体现，使建筑空间很好地满足特定地域人们不断发展的物质需求与精神需求。同时我们在继承传统的同时并不排斥新材料、新技术的应用，以及对外来先进经验的汲取。福建沿海诸多中西合璧的传统建筑正是福建海洋文化特色的展现，是融合外来文化、不断发展创新的产物。现代生活对建筑空间提出了许多鲜活的要求，我们决不能削足适履，用旧瓶装新酒，只能从发展创新中找出路，只有发展才能保存，只有发展才能传承。

在中国闽台缘博物馆设计中，充分考虑泉州人的传统习俗、审美心理与特殊喜好，利用闽南特有的红砖、白石、瓷片等地方材料，沿用地方独特的传统工艺，如红砖拼贴、瓷片剪粘，“出砖入石”等等传统做法，以现代的手法加以表现，以突显泉州建筑的地域特色（《城市建筑》2006 年第 2 期“缘 · 圆 · 缘——中国闽台缘博物馆创作”）。

在“长乐博物馆”的设计中，用白墙灰瓦和简化的山墙表达乡土气息，巨幅的壁画表现作为郑和下西洋出发地“航城”的特色。在“福建省公安学校图书馆”的设计中，汲取福建土楼的特色：对外封闭对内开敞，隔断了外围的噪声，创造了宁静的阅览空间，突显它的个性特色。

说到底建筑的地域性，实质上是从地域自然和人文条件中产生的独特品性。建筑的地域特色正是源于对地域自然和人文资源的最佳利用，正是表现在建筑与地域自然环境与人文环境的高度和谐。无疑，建筑地域性的延续，必然是一个不断汲取又不断扬弃，不断适应又不断创新的过程。实际上对地域传统建筑文化的认识是一个不断深化的过程。正因为如此，完好地保护传统建筑遗产、留下地域历史文化的实物载体，具有特殊重要的

中国闽台缘博物馆

长乐博物馆

花园台高层住宅

意义。我们的子孙会比我们更加聪明，他们定会从中解读出更多有现实意义的内容，挖掘出更深厚的文化内涵。

正如对福建最有特色的土楼民居的认识，我们也是在不断深化。进入新世纪，人类面临着可持续发展的重大课题。我们今天对福建土楼价值的认识又有了新的飞跃。开始认识到福建土楼是原始生态型建筑的典范。土楼的夯土墙不仅厚实而且具有“可呼吸”的透气性能，因此土楼室内冬暖夏凉，具有很好的热舒适性，它很好地适应了当地的气候特点，宜居宜人。土楼的建造就地取材，它使用的建筑材料、泥土和木材来自于土地，土楼废圮之后它们又回归土地。正因为它使用这种“可循环”的建筑材料，千百年来的建造活动并没有造成自然环境生态的丝毫破坏，这无疑给我们极有意义的启迪。这种生态环保型、资源节约型的建筑模式，对我们今天继承和发展地域的建筑特色，追求人与自然和谐共生、建立和谐社会，具有特殊的借鉴意义。

总之，我们要站在科学发展观的高度，在时代要求的更高层面上，重新审视建筑地域特色的传承与发展。不断增强文化特性意识，努力创造新时代地域特色的建筑文化，使之在协调人与自然和谐关系中充当不可或缺的重要角色，成为特定地域传统文化的延续和现代文化的记录，为人类社会可持续的发展作出建筑师应有的贡献。

人居环境感悟

陈世民

1935年生于四川雅安，1954年毕业于重庆建筑工程学院。中国建筑设计大师、中国勘察设计协会民营分会副会长、陈世民建筑师事务所有限公司董事长、从事建筑创作设计已54年，参与并主持项目200多项，获奖60多项。2005年，发起成立全国房地产设计联盟，任首届CEO。

近十余年来，在中国大地上，房地产建设突然地以空前规模发展，促使各地城镇面貌迅速改观。一时间在商品房领域中出现了各式各样的“主张”，推出了形形色色的“卖点”，策划专家也提出了无穷无尽的“概念”，传媒花样翻新式的“主题”报道，简直使人眼花缭乱无所适从。一股巨大的人居浪潮使我们这些建筑师忙得不可开交，同时也赋予了中国建筑师前所未有的机遇。巨大的浪潮也使我在品尝冲击的同时产生了不少困惑。在短暂的十来年中，通过一系列的工作实践，先后主持及设计了50余个大型住宅区，兴建了近一千余万平方米的各类住宅，终于能解读到这一巨大浪潮的内涵，从而对中国之人居环境及其变迁有了一些新的感悟。

机遇与挑战并存

说起人居浪潮，真是名副其实。据统计：1998年前，全国有几万户家庭住在不足4m²的斗室里，12个城市的户型面积为46.5m²，远低于发达国家水平，今年8月7日建设部副部长齐骥介绍：改革开放前全国城镇人均居住建筑面积6～7m²，但到1998年底，这种状况迅速得至改变，提高到18.7m²，超过“九五”计划人均9m²的目标。至2006年底，全国城市居民人均住房面积达27m²（以户籍人口计算），见附表。

不仅如此，人居浪潮推动了整个房地产建筑行业改革与创新，迅速地带动了从城市规划到建筑施工以至材料开发和物业管理众多相关领域的发展，并大大加速了中国住房产品更新换代。住宅设计理念日新月异；各地信息交流扩大，多种多样的人居环境论坛层出不穷。这股浪潮的深刻意义在于说明：中国的人居环境随着国民经济的高速发展和政治文化的崛起，正在波澜壮阔地推进。巨大的住房修建热潮正在让中国人从动荡中走向安居乐业，从贫困逐步走向富强。

据有关资料显示，到2010年，全国城镇每户居民都将拥有一处功能基本齐全的住宅，人均使用面积将达35m²。预计2010年城镇常住人口从目前4亿增长到6亿多，若每增一个城镇人口预计住房需20m²计，至少需增加住房40～60亿m²的建造量。另外尚有1000多万平均居住面积在

1986-2005 中国城市住宅人均使用面积增长情况

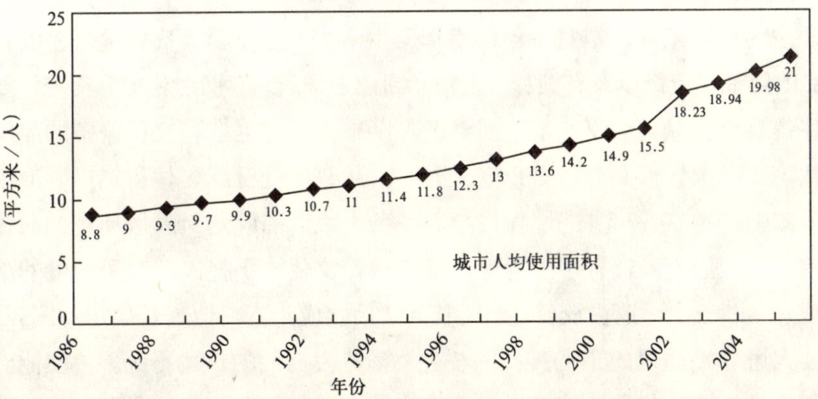

注：2002-2005年按建筑面积×0.8换算　　数据来源：《中国统计年鉴》

$10m^2$ 以下亟待改善居住环境的住户，加之旧房改造及人口自然增长需求，未来的人居浪潮还将长期持续推进。世界各国房地产发展经验证明，当人均 GDP 进入 600 ~ 1000 美元时，住房建设与消费将进入迅速增长阶段。我国目前 GDP 总值约 5700 元／人，折合美元 790 余元，正好处于住宅迅速增长的起步阶段。机遇与挑战总是并存的。解读中国未来人居环境的发展前景，将会发现中国建筑师还有被卷进竞争行列的外国建筑师们不仅现在以及将来都有着难能可贵的发展机遇，但同时也将面临着严峻的挑战。在未来波澜壮阔的人居浪潮中作为职业建筑师应该做些什么？应该提供哪些产品，作出哪些贡献？应该怎么去面对挑战？

环境是居住空间的核心

在住宅建设的程序中，建筑师起着消费者、发展商和政府管理部门之间的纽带作用，是矛盾和冲突的汇合点，也是发展创新的起步点。从建筑师的工作平台上看去，我们不难发现：消费者从分配机制转向市场消费机制后，尤其是收入增加，生活水平提高，文化内涵增长后，人居环境的需求升华很快，可谓日新月异。大体上可以归纳为八步曲：第一步，盼望有房住，只要有房住就行，哪怕是公用厨房、厕所；第二步则盼望能有子女、老人分室，独门独户，有住得合理的居住空间；第三步，盼望能有除居住空间外有独用的厨房、卫生间、贮藏室、阳台，使家庭生活方便，住得有效。通常在这些需求基本满足后，第四步，要住得有景，希望居住空间能面对山景、园景；每五步要求住得便捷有效，要交通方便，要有商场、学校、幼儿园齐全的配套设施；第六步要住得舒适，既能临近山海，园林景观特色明显，又想户内空间宽敞，丰富多彩，能享受生活；第七步要有高级会所、高档商品的店铺步行街以及有健身、娱乐、阅读的场所，有网络化信息交流，要求住得有文化品位；第八步，则要进入设施完善，生态和文化兼备的品牌性住宅，以求住得高尚，充分享受人生。从有住就行到要住得高尚，追求人生享受，这一系列演进过程贯穿着一条主线，那就是对人居环境的向往和追求。我们周围就有不少置业者随着经济文化水平提高，人居环境的消费观念不断改变，消费欲望日趋增长，结果就成为不断地更新住房一族。

人居环境需求的市场规律同样左右着开发商们的市场行为，迫使他们不得不经常调整其市场策略：当消费者处在只盼望在房住的年代，他们就着眼于容积率，力求多建房，“只要多建房，就有钱赚”；当消费者上升到期望住得合理、住得有效、住得舒适时，发展商立即把产品提升上到第二个层次，于是房间朝向、户型大小、设施齐全等成了“卖点”；当消费者进入到要求住得舒适、住得有文化品味的需求阶段，发展商们则会推出智能化概念、生态性概念、大户型概念、欧陆风概念、郊区化概念等等。在推出物质空间基础上，同时注入了精神空间的内涵，以迎合消费者日益扩张上升的消费概念。现在，面对一群富裕的、讲求舒适和享受、追求名牌生活的消费者，发展商们正在纷纷研发一些品牌主题的产品，不仅注入科技含量，使用高档材料，并且还辅以文化地产、休闲地产、绝版地产等品牌性主题，这是第四个层次。不难看出发展商们的市场策略同样是围绕着人居环境的主题在演进，层次越高，人居环境的内容越来越高，资源消耗就越来越大。发展商们在走向成熟的途中已经明白，以人为本乃是要抓住为消费者的人居环境概念变化才是根本。既是经济效益需要亦是社会效益发展需要。同样不难理解：城市建设主管部门尽管在城市发展的初级阶段以

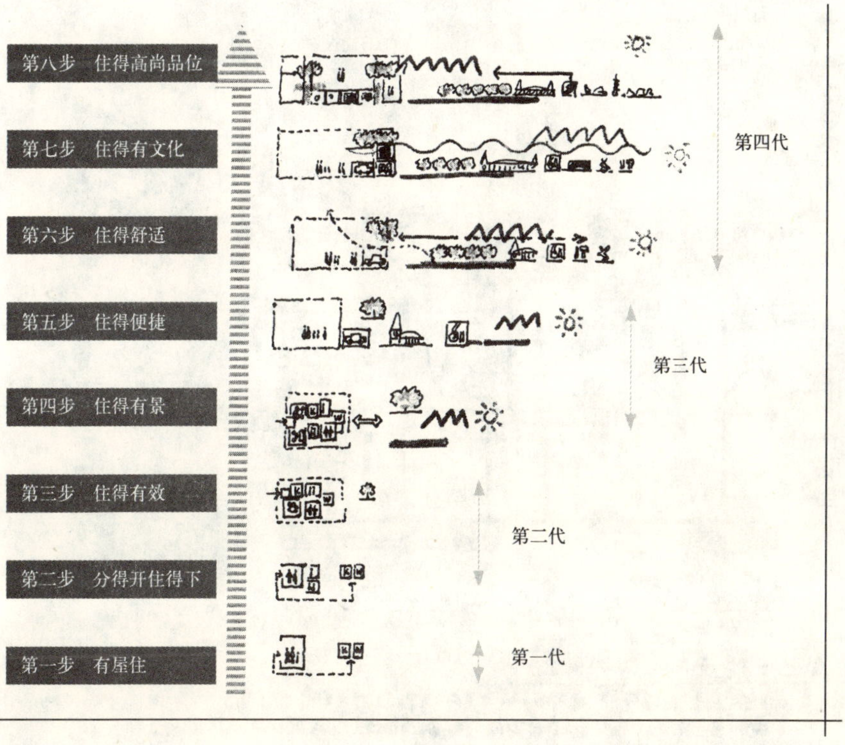

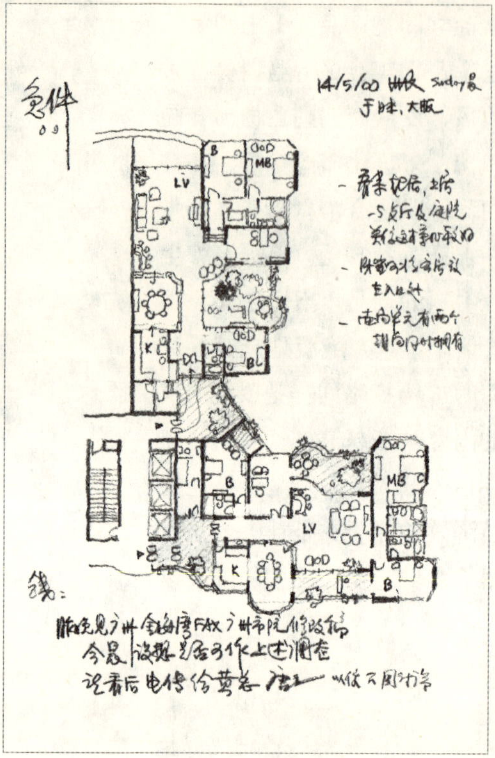

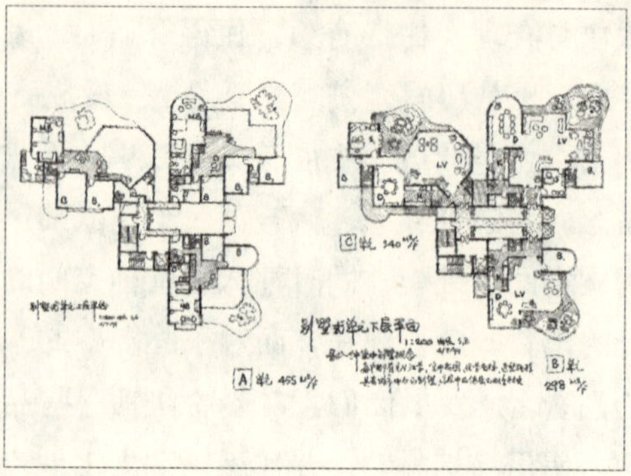

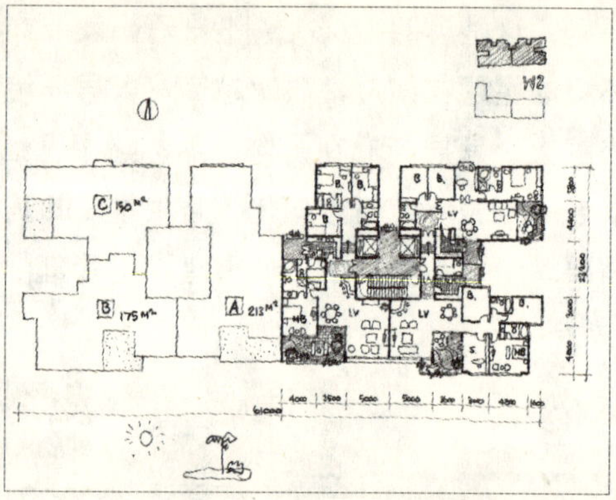

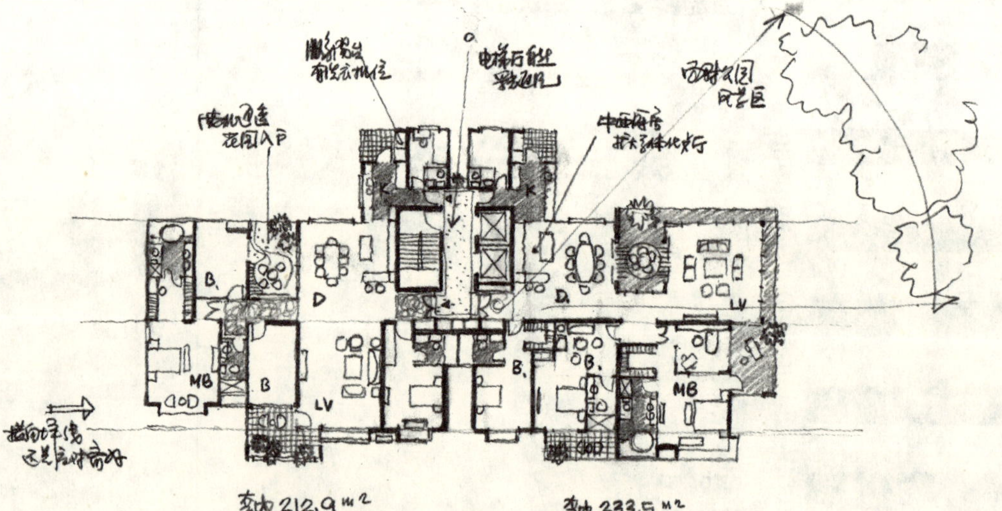

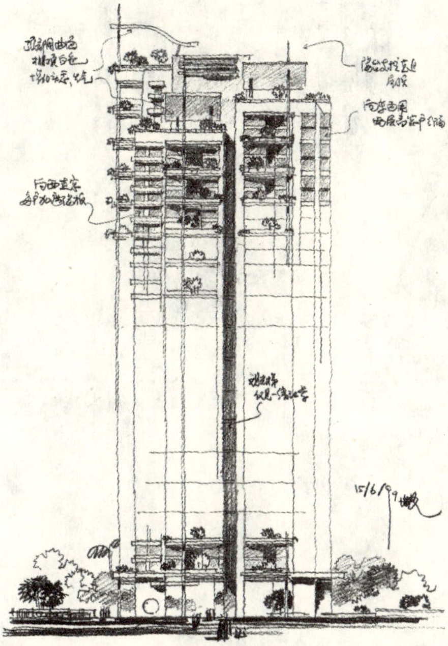
15/6/9

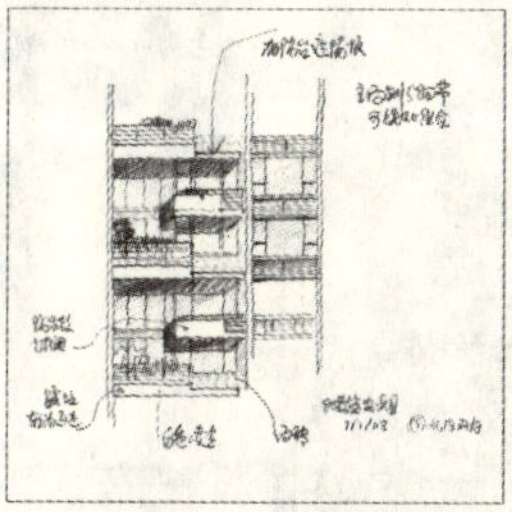

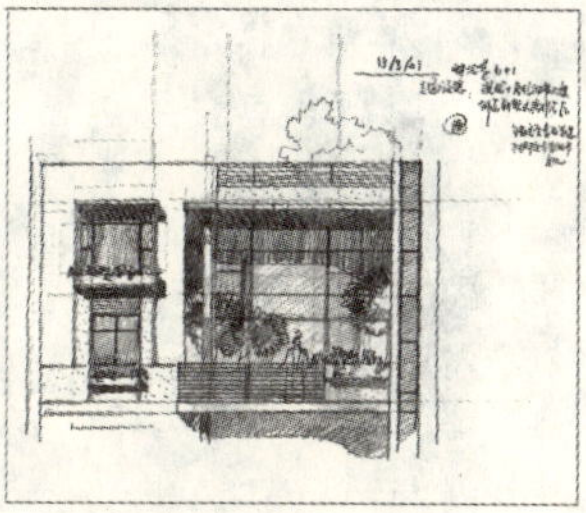

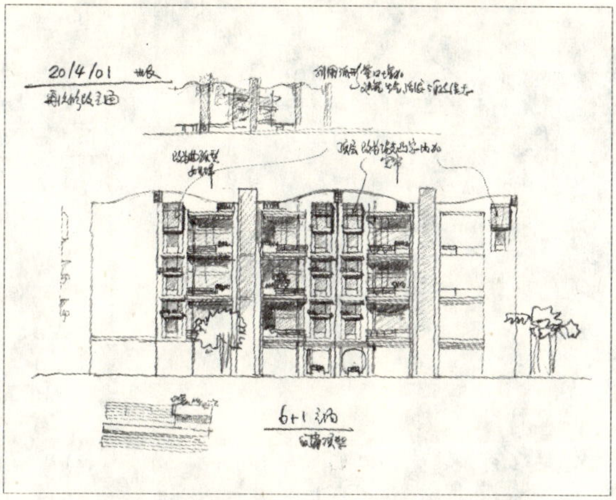
2014/01
6+1

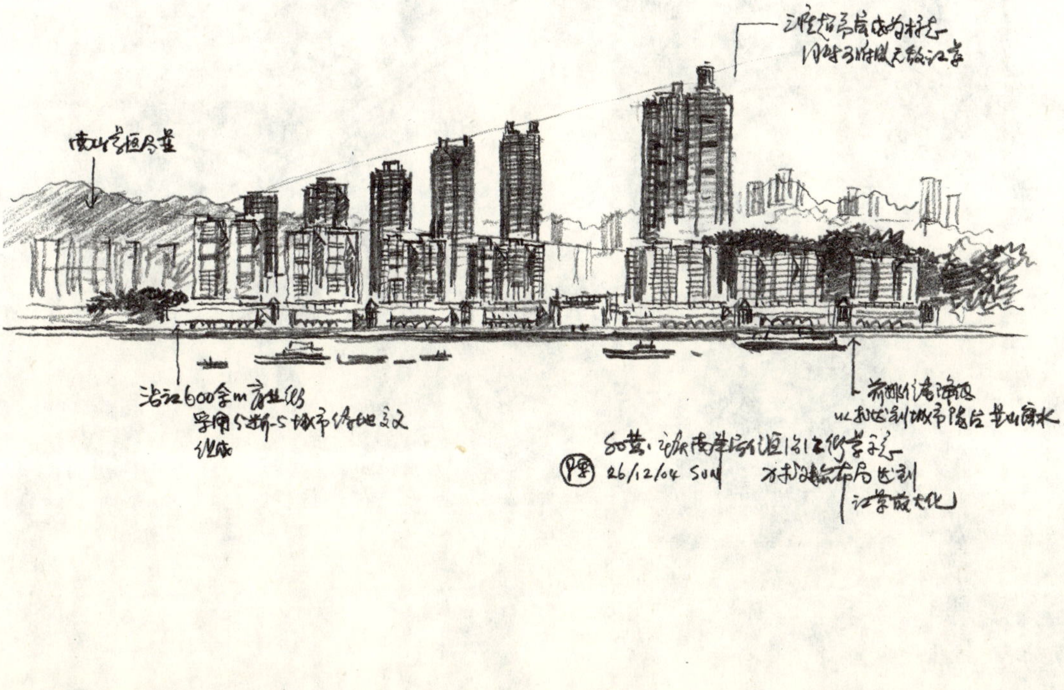
26/12/04 SUN

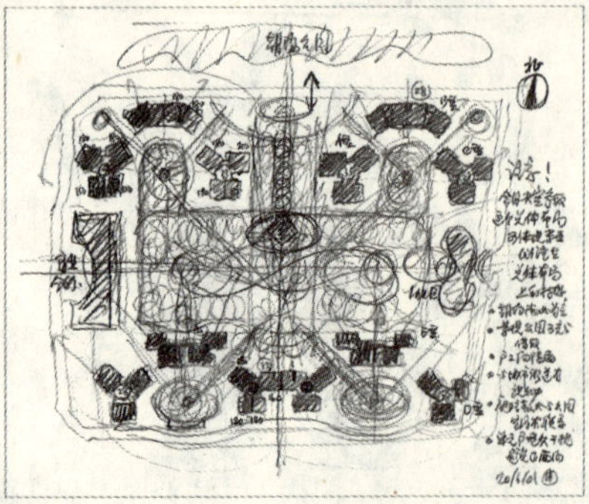

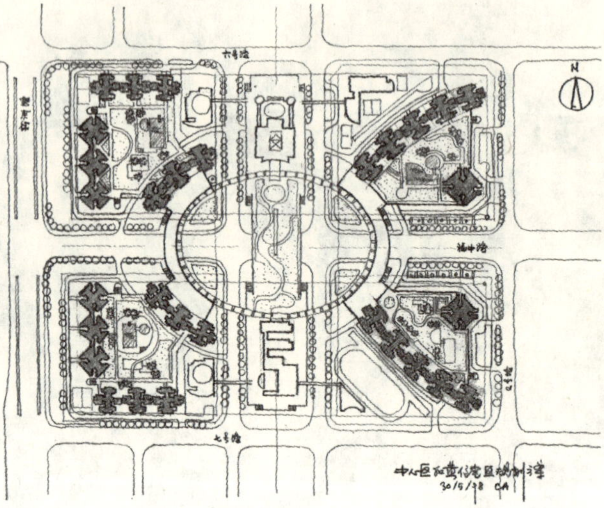

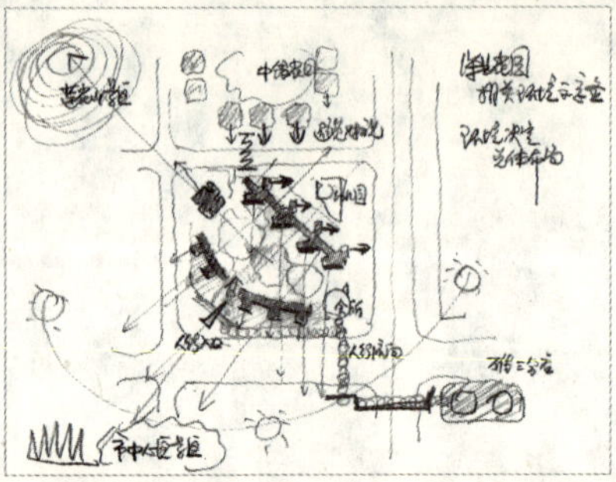

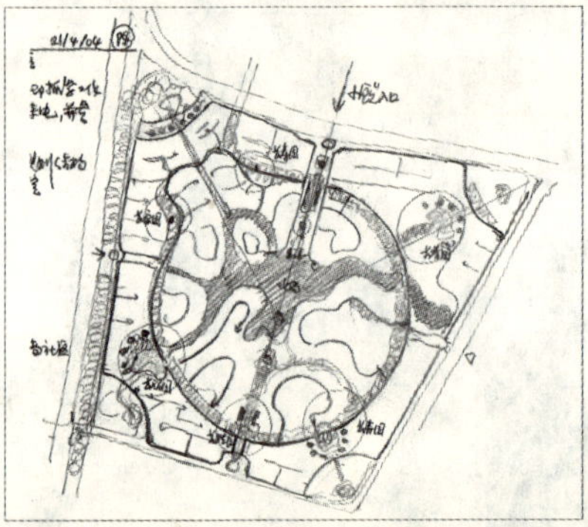

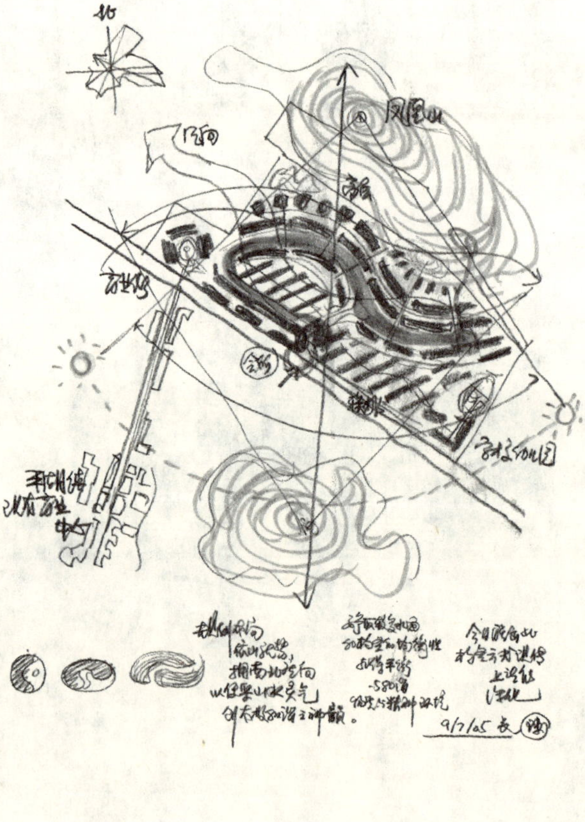

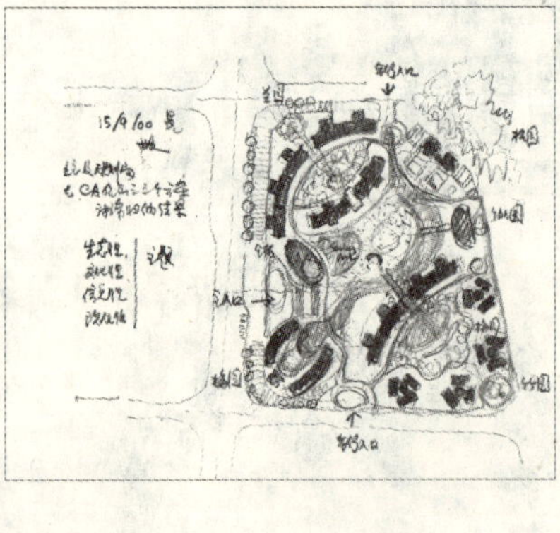

求迅速改变城镇面貌，彰显执政能力，注重多建房。但当住房日渐增多后，第二阶段，他们随即强调统一规划、强化管理的必要。于是要先规划，圈要点，定措施，通过管理途径，保证有良好的居住环境的建设效果。近几年，则正在向更高的层次转变，制定一系列规范、制度标准，如智能化标准、节能标准、健康标准、强制性法规、绿色建筑条例等，要求按质量标准建房，建设部还实施中国人居三大工程的居住小区试点工程、安居工程以及1998年起的小康示范工程，引导各地住房建设在人居住环境质量方面能有不断的提高。可见，尽管消费者、发展商、建设部门各有各的着眼点，各有各的需求，但是殊途同归。环境既是消费者的着眼点、发展商的卖点、规划管理部门的重点，亦是建筑师的创造点。建筑师处在服务上述三方之间的衔接位置上。面对错综复杂的要求和矛盾，唯有抓住人居环境这个根本点切入，才有可能在形形色色、变幻多端的市场中保持主动，并为创造具有物质与精神双重复合性的人居环境而作出贡献。

综合性设计理念

创造任何一种产品，首先需要具备开发产品的开发理念。创造人居环境就需要有清晰指引性的设计理念。回想中国人居环境起步，亟待住房又资源紧缺的年代，“适用、经济，在可能条件下注意美观”的建设理念成了建设管理者、建筑师和开发部门所共同遵循的方针与共同的行为目标，在让有限的资源解决大量职工住房方面，获得了一定的成效。即使在六七十年代经济改善，生活水平提高后，适用、经济、美观三者仍是创造人居环境关注的话题和实施的依据与评价的标准。可是在90年代巨大的人居浪潮冲击下，这“适用、经济、美观”的综合概念被市场中的“卖点”、“概念”、“主题”完全取代，“业主意志”、“长官意志”、“利润意志”成了一切的主宰。依赖“引进”、靠“借鉴”、求“外援”成了“创新”的法宝。这一代的许多产品以及住房供应偏重部分消费阶层的种种社会现象，如果深入解读就会发现是缺乏一种清晰的、综合的或者看来面对新时期，创造人居环境的新机遇，住房开发的确需要一种清晰的、综合性的设计理念，而这种理念应是在回归“适用、经济、美观”的基础上结合时代特征而加以重新演绎，注入新的内涵。多年我们事务所经过几年反思归纳出了“环境、空间、文化、效益”的综合设计理念，其中环境、空间是当前住宅产品适用性的主导方面，文化不仅涵盖了美观并体现了住宅的精神属性，效益也全面概括并提升了单纯的经济与节约的概念。“环境、空间、文化、效益”不是单打一的彼此孤立的概念，相反，它是综合性全面调控、评价产品。贯彻“环境、空间、文化、效益”需要在创作过程中进行立体性思维，优化选择，这一切意味着我们需要建立符合新时代的环境观、空间观、文化观和效益观。

环境是住宅更新换代的方向

巨大的住宅浪潮中，环境是根本。消费者对居住环境的需求，乃是出自于人类文明进步发展的理性追求。《黄帝宅经》里记载“人宅相扶，感通天地。”说明人与环境相互融合，可以改造人，让人焕发生机，发挥创造力。医学之父西普克内说“阳光、空气、水和运动是生命和健康的生命源泉。”1999 年国际建筑师协会通过的《北京宪章》里写到：“要保持建筑学在人居环境建筑中主导专业的作用，就必须面向时代和未来。”过去发展商们为了确保投资安全性，不少人信奉：第一是位置、第二是位置、第三是位置的“位置论”作为投资选择性的准则。站在新世纪的发展平台上来看，我们认为应改成“第一是环境、第二是环境、第三是环境”的三个层面的环境观强调环境，不仅包含有位置选择的重要性，并放大了位置所包含的环境条件与环境资源。建筑师首先需要具备一个综合的、扩大的环境观。另外，这里所提倡的三个环境观概念也可以分解为有大环境、中环境和小环境之别。首先，第一大环境是指要将开发地区周围自然的、地理的、景观的、交通的、能源的、文化的以及已有的建筑均视为环境因素，视为周边环境资源予以充分整合，将其中的有利因素放大发挥，集约组合，改造其中不利及有害的因素。第二中环境，是指小区的内部环境，通过恰当的建筑布局，精细的庭院处理，老人、儿童、成人各得其所的休闲的生活空间，以求创造出一种既充足阳光、新鲜空气，又具赏心悦目、有生态式特色的人群所共享的庭院环境。第三小环境，是指应把住户内部空间也作为一个整体的生活环境来思考，住宅不是居住的机器，是焕发人们生机的“家”，要切实体察起居、工作、学习、娱乐等生活，构筑起舒适有效的生存环境。这一点在目前设计过程中我们还注重得远远不够。尤其从室内到室外，小环境与中环境衔接上往往缺乏通盘设想。

按照上述扩大的环境观，我们曾对一些项目作了尝试，即作总体布局时不是从构图需要出发，而是立足于大环境的分析与解读，利用好环境资源，形成高质量环境空间，然后再依据这样的总体布局，分别去设计各住宅单元，而不是惯常的先弄好住宅单元再栽到总体布局上去。然后再尽可能使每个住户有良好的外部对接的环境条件。这一做法得到了市场的较好认同。如：北京的世纪朝阳小区总体布局既引入北面朝阳公园的景观资源，又获得向南的阳光资源。在兼顾两项资源前提下的单元设计几乎全部住户都获得有南向阳光，70%的户型能园景和阳景兼有。深圳的深业花园发掘了深圳市中心区的现代化城市环境条件与莲花山公园生态自然环境资源，构筑了园中有楼，楼中有园的总体布局，成为与周边环境资源紧密对接的特色楼盘。同样深圳黄埔雅苑40余万平方米占据6个街坊，通过并联高层塔楼的方式，在地面留出大片的庭院空间并与城市共享。既改善了住户的景观、朝向、通风又扩大了城市中心的建筑空间。无论总体和单元户型均获得良好的市场效应。最近在重庆珊瑚水岸40余万平方米的大型住宅区则注意结合珍惜整合陟坡土地资源，使江景最大化伸入到了小区中，并以此为前提组成有特色的城市轮廓线的楼盘，连续获得几个奖项。看来推动住宅产品更新换代，更新环境观念是首要的事。

空间组合上的误区

空间是住宅内部构成的基础，随着吃喝拉撒睡的功能需要，不同大小的各类空间架构成家庭的物质与精神的生息场所。无论家有大小，形态万千，都离不开起居、睡卧、生活辅助、交通等一系列的建筑空间。综观这一代产品在空间组合方面虽然演绎了不少创新的亮点，但大多数也存在着不少问题，大致可概括为“5讲5不讲”：

1.讲多不讲好。为了通过容积率，取得经济效益，总体布局建筑排得很密，每个单元户型过多，塔楼之间朝向通风差，相互干扰对视，热岛效应突出，外部环境质量甚差。

2.讲型不讲变。户型千篇一律，比如说三房二厅主力户型，从100m^2、150～180m^2，甚至220m^2、250m^2都有且户空间组合大同小异，缺乏对消费者的实际生活需求的深入分析与研讨，明显缺乏个性特色。

3.讲前不讲后。为追求市场直观效应，刻意将起居、卧房空间尽量扩大，且大而无当，以致厨房、卫生间、洗衣等后勤的必要的服务空间压得很小，拥挤不堪，前后不相搭配，连洗衣机也被挤在阳台上去了。

4. 讲进不讲出。对住户进口花很多心思追求宽大气派豪华，但对生活必然天天要产生的垃圾如何送出去，下水、油烟如何排出，却讲究很少。

5. 讲豪不讲省。以豪华的装修，重复的洗浴设施，高科技产品的虚假摆设，表面文章越作越多。如何节省能源，关注身体健康，减低住户的运营生活负担，降低能源、资源消耗却关注得很少。

建筑设计是一种空间组合的艺术。空间组合的核心乃是为人提供生活的舒适与适用。而提高住宅舒适性，不能靠加大面积或放大空间来实现，也不是讲豪华就可以取代，相反首先应使户型空间个性化，具有可变动的灵活性，让相同面积的户型尽可能多元化。同样的三房二厅，应有不同的空间布局。其次，要紧凑户内空间，该大的则大，该小的要小，尽量降低纯交通空间，增大使用率。第三，大力改善服务性空间，诸如厨房可以半开放与餐厅组合一起，让便桶与浴盆分设的卫生间，减少户内洗手间数量，洗衣机空间应单独设置。第四，切实安排设备空间。让空调机、热水炉、通讯设备、通风设备等都有妥当的空间。第五，空间组合时尽量利用自然采光和日照，让自然生态资源，发挥有利健康又利于节能的功用。最近入户花园和户内花园正在渗入户内，为空间组合增添了崭新的元素，无疑对提高居住环境质量，会起到不小的作用。

文化，住宅品质的新增长点

有的发展商与策划公司常在房子外表的“美观”、“好看”上打圈子。他们通用的做法是让你先搞平面，然后搬一张外国建筑风格的皮让你套上，以为这样就“美观”了。这种肤浅的设计方式反映出一种二张皮的文化现象。何为“美观”，何为“好看”，并无固定尺度，随着消费者经济生活水平和人文素养提高，文化内涵的丰富，“美观”、“好看”的欣赏评价标准均会有所改变。“美观”与“好看”不过是消费者对人居环境的精神需求，实质上是一种对文化的向往与追求。房屋的美观与否只是其中的一项主要的形象内容，但替代不了消费者对整体文化的索求。建筑文化不同于其他抽象的艺术文化。它的特点就在于它是一种与使用功能紧密衔接，并通过动用大量投资、材料与劳动力方能实现的工程艺术。它的表现既是物质的也是精神的。所以居住建筑的文化观除了要看重门窗比例，色彩选定，阳台、雨篷搭配，装饰线条的有机布局，楼房体型的组合以及绿色庭院，艺术品陈列、公用设施的点缀等等这些建筑的硬件的、有形的语言外，另一方面更要注重这一系列建筑元素组装之后通过有形空间所塑造出的无形的建筑语言所倾诉的对话、意境，以及这一整体居住环境所产生的精神感染力。当人们生活在舒适、优美的物质环境内，会引发出身心愉悦的享受，让物质空间与自身的文化和精神向往相共鸣，从而体验到自身的价值与追求，焕发出对人生的自信和向往。这就是居住文化散发的魅力，也是人居环境散发的“人宅相扶”的作用。将单纯对“美观”与“好看”的追求放大到文化的索求，这是一种居住建筑文化观。消费者对文化的观念正在转变，文化品质将是人居环境内涵的重要组成部分。未来，文化将成为也一定会成为新一代住宅产品的新特点。不过，由于地区不同，人们的习俗不同，气候差异与及消费对象的文化层次不同，产品的文化内涵也一定会有所区别。南方的搬到北方不适合，外国认可的不一定就适合我国人群的需要。中国在继政治、经济崛起之后，定将出现文化崛起的势头。中国特色的人居环境，中国创造的房子定将成为中国文化崛起的组成部分。

效益产品的全面体现

建筑师还需要有全面的效益观。住宅像其他建筑一样，最终结果是体现在效益上。目前我们的效益观还不完备，从计划经济到市场经济的转变使我们增加了一种经济观念，即不仅要节约，还要懂得产出。既要计算成本，又要预计收益。但是经济观念不等同于效益观念。具备商品特征的住宅建筑无疑首先要讲求经济效益、开发成本与销售效益。但效益除经济效益之外还有社会效益、使用效益等几个层面，这些层面彼此互为补充，偏重于任何一面都不行。过度节俭的危楼和追求高容积率的垃圾楼早已对单纯的经济效益观作出了否定，同样片面强调豪华享受，超限消耗资源的豪楼同样得到了否定。在前几年浮躁的开发时期，那只要“土地＋资金”式的开发即可获得显著经济收益的简单公式早已过时。现在需要的是：土地＋资金＋环境、空间、文化效益均能实施到位的综合理念＋产品的能耗与质量指标，方能创出真正良好的效益来与品牌效应。效益来自产品本身，产品全面体现出效益。

中国第五代城市住宅

住宅是社会基本生活的消费商品，像其他社会产品一样，它不可能不经历更新与换代的发展过程。我们曾对中国的住宅开发变迁过程概括划代如下：第一代，经济节约型，即注重经济又强调节约，即是20世纪50年代在资源紧缺情况下，为职工尽快提供居住空间的产品；第二代，适用经济型，是1960—1970年代依照“适用、经济，在可行条件下注意美观”的方针，以适用性为主，并仍注重有限资源使用的住宅产品，这一代产品延续了较长时间；第三代为发展多元型，1980—1990年代住房步入商品化，实行“双轨制”后住宅产业开始形成，市场化促使产品多样化，繁荣了住房的产品市场；第四代，为舒适景观型，1990—2000年代，住宅产品市场竞争激烈，消费群体生活改善，在追求景观与舒适的前提下，市场充斥着不注重资源有效利用和能源过度消耗的产品。第五代为生态文化型，从2000年代起，随着人们环境观念、资源观念和文化观念的转变，出现了新一代的产品，其主要特征是注重生态，继承文化，适度的资源使用。我曾在2001年深圳的论坛上提出了开发第五代城市住宅的主张，并将第五代住宅的特征定位于生态与文化型。通过这几年的发展来看第五代产品已展现出鲜明的时代特征。

综上所述，第一代、第二代住宅侧重于追求生活空间的数量；第三代、第四代住宅逐渐侧重于追求生活空间的生活质素，而第五代住宅则是着眼于追求生存空间的生态、文化环境质量，提倡一种新的居住观念，演绎一种新的居住文化。第五代住宅不仅关注消费者生活方式、生理行为，创造生态型的物质环境，同时亦要关注消费者的精神需要、心理行为，创造文化型的精神环境。第五代住宅是从扩大的环境观念出发，以创造舒适生态与文化环境为目标，将是资源节约型，能源低耗型住宅。减少环境污染，不搞建设性破坏。它既包括了高档类型的住宅，亦应包括那些中低档的一般型住宅。

一句话，第五代住宅将是我们在创造人居环境领域里落实和谐社会这个时代主题的新一代产品。

深业花园

重庆山语间

天龙长青湖

天龙长青湖

华宇金沙港湾二期

重庆山语间

黄埔雅苑

十年筑迹——重大工程设计纪实

孟建民

1978年毕业于南京工学院建筑系。1982年获该院建筑研究所硕士学位，1990年获东南大学建筑研究所博士学位。现任深圳市建筑设计研究总院院长、总建筑师，深圳勘察设计行业协会会长。兼任东南大学、天津大学、哈尔滨工业大学等国内著名学府名誉教授。设计有多项作品，并获部、省级优秀设计奖数项。

总院建院时间虽短，底子也薄，但凭借大院的"人多势众"，也有这样或那样的机会搏一搏重大项目。特别是近几年，总院重大项目设计任务的承接比过去多了起来。我亲自主持的重大项目设计现在有的业已建成，回忆起来其"艰难险阻"还历历在目，这里回顾与总结一下，供同事们借鉴参考。

一、首战告捷　因胜而败

深圳市少年宫是1997年深圳市政府的重点项目，虽然前期论证方案为我院二院所做，但正式立项后还是要求向社会公开招标。当时总院方案室成立不久，人少设备差，但我所带领的设计组干劲大，信心足，我们当然不愿放弃这次竞标的机会，想让新成立的方案室好好练练兵。当时设计组主要成员有宋文波、张之扬等。在方案构思之初，大家提出的方案都很一般，流于传统做法，我要求必须突破传统思路，大胆创意，拿出真正有新意的方案。经过几轮反复，我们终于在不规则的地块上，将少年宫不同的功能布局化零为整，以一个破开的椭圆形“巨蛋”将功能空间罩于其中，形成浑然一体的完整感觉。记得当时的困难主要在表现方面，蛋形网壳的建模，及实际模型的制作都费了一大番心思，反复琢磨才得以制成。功夫不负有心人，方案提交后，得到评审专家的一致好评，最终一举中标。

正当我们满怀激情要投入下一阶段设计时，从市里传来一个重要信息，称少年宫方案做得很有特色，放在原地段上太隐蔽，新的意见是移到深南大道旁某块地段上建更好。当时甲方还将新地段的地形及红线图交给我们，让我们论证如何将方案放进新的总图中去。正当我们紧锣密鼓地进行在新地段上的方案调试时，又传来讯息，称地段已选定在现已建成的少年宫地段上。本以为我们作为中标单位可顺理成章地进行重新设计，上面的调子却变了，称新地块与原中标地块地形不同，必须中止原设计再重新招标！听到这消息可以想像我们当时是多么无奈与义愤！但政府决定不可改，我们

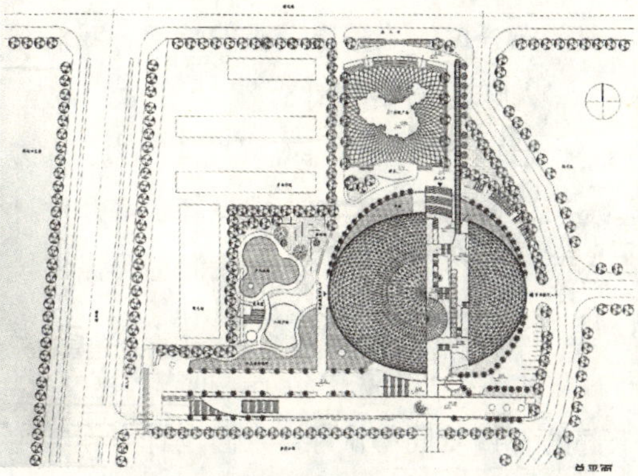
深圳市少年宫第一轮方案总平面图

深圳市少年宫第二轮方案总平面图

深圳市少年宫第一轮方案立面图

深圳市少年宫第二轮方案效果图

只好又参加了第二轮投标设计工作。虽然第二轮方案亦得到评审团的好评，但却以造价高为由而被淘汰。

建筑师：孟建民、宋文波、张之扬、李旭等。

项目简介：深圳市少年宫第一轮方案位于福田区深圳市未来新中心区地带，当时在这一地带已有了一定的建设规模。本项目占地面积 40335.1m^2，总建筑面积 30200m^2，建筑高度 90m。

二、人弃我取　捕捉机遇

2002 年，广东省委受国家政策的影响，经过若干年几上几下的反复，又重新开始了省委一号楼的方案招标工作。前几轮方案为传统岭南建筑风格（大屋顶），且体量小、层数低，而新任务书要求其设计条件都有根本性调整与变化，如容积率高、体量大、建筑高度不限等。本次招标可谓“兴师动众”，广东省委办公厅发挥其独有优势，召集全省各市大院全都参加，时限不到 20 天（含五一长假）保底费人民币三千元。在发标会议上，许多设计单位代表认为招标条件不合理，部分单位流露出消极的情绪。我们领回任务之后，认真分析了形势，采取“人弃我取”的策略，其他院对付着做，我们就高度重视，争取一举拿下这一项目，我们投入了高强度的精力、人力与物力，放弃休息，争做最好，结果是我们提交设计的成果其表达及设计品质明显占优，当时由于保底费很低，没要求做模型，但我们主动提供模型，赢得了甲方与评审专家的认同与好感。评审结果在意料之中：我们的方案胜出，省委办公厅尊省委书记的意见在省委大院中公示，征求大家意见，其结果我们的方案获得了广大干部的普遍赞同与认可。我们设计方案的主要特点在于功能上满足了任务书的要求，总图关系自然巧妙，建筑造型简洁大气且具有一定的地域文化特征因而终于赢得一举中标的满意结果。

也许是好事多磨，由于该办公楼在广州城市规划风貌保护区，建筑高度（中标方案为 19 层）受到广州市规划局的质疑。为此经各方面反复协调，办公楼层数只好降下 3 层，以求共识，方案才最终得到通过。此时计划已延长半年，其后阶段的设计工作又进入了加班加点的紧张状态。

由于省委一号楼为特殊工程，我们在设计乃至施工过程中按甲方意见的修改调整较为频繁。在施工过期中，除派颜其章等驻现场外，我院设计组成员根据施工需要及甲方要求随叫随到，仅外墙及窗框等材质与色彩的

左上：广东省委一号楼

右上：合肥政务中心办公楼

选用，我本人就十几次去工地现场开会、研究及确定。由于设计团队的共同努力，终使建成的办公楼在空间及外型效果上达到甲方满意的程度。也有一些技术问题的小插曲：工程完成并使用后，空调方面出现一些冷凝水及噪声方面的扰人问题，甲方不断要求我们在设计上查找原因，但经反复验查，没有发现什么问题。最后没办法，我院安排潘京平同志到现场排查，在一次共同排查过程中（我当时正好在场），潘工突然发现一处重要的开关因施工疏忽完全装反了！问题的结症总算找到，我们如释重负，一直困扰及压在我们心头的重担终于放下了。责任分清后，甲方对我们的设计质量与服务给予高度评价与认可，不久还向我院发出了感谢信及表彰牌匾。

建筑师：孟建民、侯军、沈晓恒、罗滨、林镇海、张蕾、莫海燕、陶敏等。

项目简介：本项目为行政办公建筑，钢筋混凝土框墙结构，占地面积 8300m^2，总建筑面积 48205.21m^2，建筑高度 62.6m，设计自 2002 年 9 月始，2004 年 11 月竣工。

三、要感动甲方　先要感动自己

合肥政务中心办公楼是合肥市委、市政府 2002 年决定建设的重大项目。该项目从前期策划到中期投标到后期施工图设计全过程我院设计团队有幸被甲方选中和参加。由于全程都有参与，因此与甲方的互动非常充分，从开始采用什么布局模式（是集中还是分散？）到建筑风格的定位（是简约还是装饰？是轻盈还是厚重？）等等都与甲方充分探讨后确定的。在方案构思过程中，我对空间层次的追求非常强烈，当我在中轴上一层一层地设计出12个空间节点时，自己被这丰富的空间层次所激动。俗语说得好，只有感动自己才能感动业主！当我怀着一腔热情向市领导介绍方案时，我的情绪也感染了市长，最后我的介绍不仅得到了市长的认可，而且我们与市领导都怀着急切的心情期待这样的空间序列早日建成！

也许是太想将这座建筑物设计得完美些，在施工图设计过程中，仅自主修改入口大台阶就不少于八九次，以至甲方急着叫停，让我们一定要考虑时间因素。

那么在建造过程中，为了追求更简约的效果，甲方要求对局部及细节作一些调整，我们也不以专家自居，虚心听取甲方的合理意见，除原则性问题外，我们对一些过度设计的部分都进行了必要的简化，主要是做减法，有的都已做成（当然是不影响大局的部分），我们在甲方建议下也同意敲掉或减除，使建筑形象更为简洁有力，既节省了造价，又达到了更好的视觉与空间效果。

当工程完成时，我们设计团队与甲方已形成一个共同体，在总结经验时，更多的修改是建成后进行的，因此我们自嘲是1∶1建筑师。

建筑师：孟建民、侯军、邢立华、王丽娟、孙晓非、郜仁记、吴莲花等。

项目简介：本项目包括合肥市委、市人大、市政府、市政协四大班子的行政办公、会议、展示中心、接待中心、档案室、停车场、人防指挥中心等，它是合肥市的最高行政机构。建筑为框架—核心筒结构，占地面积218164.76m^2，总建筑面积17.8万m^2，建筑高度130m，设计自2002年10月始，2005年10月竣工。

四、百分之一的希望　百分之百的努力

张家港第一人民医院设计项目的赢得对我院开拓新的设计领域与市场是至关重要之一战。

该项目的赢取过程非常富有戏剧性。整个经历是这样：张家港市领导来深参观“住博会”，刚好看到我院展位，并对我院留有印象。而当张家港第一人民医院设计项目开始招标时，该市领导要求医院邀请我院及我本人参加。当我接到招标邀请时，第一反应就是准备放弃，虽然我大学的毕业

设计是做医院设计，但我深知现代医院设计理念与技术日新月异，且设计难度为民用建筑类型之最，因此我即时向甲方礼貌地回绝了邀请。但甲方不久再来电话称：如我院不参加则不好向市领导交代。也许是出于对甲方诚意的感动，同时我也换一种角度考虑：也许这正是我们开拓新型设计市场的重要机会！一旦决心“参赛”，那么我们就得拿出自己最大的努力来应对之。

我们做好从零开始的心理准备，从头学起。于是我决定花大代价请来全国资深医院设计专家，现场指导我们设计团队（工作室联合三院环境所），我们像小学生一样虚心汲取专业知识（特别是医疗工艺是我们的空白点）。在构思前期，我们连最基本的门急诊、医技及住院部三大关系都颠倒摆布，犯根本性错误，更何况医患分流、洁污分流等细化设计的问题更含混没谱。等到请来的专家给我们的方案“号诊把脉”时，问题迎刃而解，我们设计团队的学习与理解力还算不错，很快掌握了医院设计的基本原理和法则。

虽然在医院的总体布局与医疗工艺方面我们都有了较好的把握，但形成的方案看上去毫无特色，非常一般。这对投标而言是非常不利的，没有特色就没有竞争力，做了也等于白做。我们又陷入苦思之中……投标规定时间过了三分之二，还剩十天了我们还没最后定方案！人在情急之中有时会超常发挥。我在堆满草图的大桌子上信手乱画，突然灵感一动，随手画了个圆，我又将基本的功能关系归于圆内，当我将这张草图呈现给各位时，大家不约而同一致认为就应该是它！定案给大家带来的欣喜与轻松使我们忘记了疲惫与紧迫，一种激情与冲动推着我们一口气连干了十天，终将设计方案圆满完成。

由于投标保底费很低（两万元人民币），在交标时，其他设计单位都很“节约”地提供了文本和小图板，我们除了完成规定动作外还“铺张”地做了一个较为精致的模型。由于我们的方案有特色，功能问题解决得好且表达充分认真，与其他家单位的设计方案明显拉开了距离，最终被评审团专家评为第一名，招标单位将第一、二名方案提交甲方最后选定中标单位。

正当我们怀着成功的喜悦等待中标通知时，从张家港方面确传来了令人难以接受的消息：由获第二名的设计单位进入下一轮方案调查修改阶段，我们虽获第一名，但却被挡在继续修改方案的门外。

后来我们才了解到，第二名设计单位早在一年前就帮助甲方策划该项目，本来这次投标只准备走一走过程，实际上这一投资数亿元项目的设计任务基本已成为该设计单位的囊中之物。

眼看我们付出的艰辛努力就要化为泡影，实在令人难以接受，这时我们想到了与我们素不相识却推荐我们参加投标的当地领导。于是我们费了一番周折，间接联系上了张家港市长，我们只有一个要求，让我院再参加第二轮方案的修改与比选。市长首肯了，甲方勉强让我们进入第二轮修改阶段，但条件十分苛刻，第二轮没有保底费，修改时间只有一周！

令甲方及第二名设计单位完全没有想到的是：一周之后我们呈现给甲方面前的不仅是一个修改得更合理的设计方案，而且还提交一个比上一轮还要大的建筑模型（按要求第二轮只要提供两本 A3 图册）！更让甲方吃惊的是我们同时还制作了一段三分钟的建筑动画！我们的决心与诚意终于打动了甲方和领导，为了让市长能看到设计方案的动画演示，我和刘琼祥院长让侯军即在当地买了放映机，赶到市长办公室汇报方案，哪怕是仅有五分钟的汇报时间。结果可想而知，我们付出的努力终于有了回报！更主要的是，一片新的设计市场从此得以开辟。

建筑师：孟建民、邢立华、侯军、王丽娟、郜仁记、彭鹰、杨旭等。

项目简介：本项目是张家港市的医疗、急救、医学和科研中心，为医疗建筑，钢筋混凝土框架结构，占地面积 9.9 万 m^2，总建筑面积 7.7 万 m^2，建筑高度 61.2m，设计自 2002 年 11 月始，2007 年 7 月竣工。

张家港第一人民医院

五、三管齐下，工作精准到位达目标

深圳西部通道旅检大楼是工作室与三院一所合作的重要项目。这是一项国家级重大项目，做的好则会为总院赢得声誉，做得不好，则会有政治责任与风险。

当时参加投标的单位都是重量级设计机构，大家都跃跃欲试，争取赢得这一特殊项目的设计权。

2003 年工作室尚在开创阶段，办公环境狭小，设备条件差，人手也有限，为了更好地铺开这项投标工作，我们将设计“战场”搬到三院一所较为开敞的办公空间中。

根据对招标任务书的解读及对项目特点分析与把握，我们订立的设计原则是：在满足旅检大楼特殊功能需求的基础上，力求将该建筑设计得简洁、轻盈与舒展。之所以要表现“轻盈”二字，是因为建筑基地为填海而成，建筑场地多面临水。在水岸的衬托下，一种舒展、轻盈的建筑形象更符合其环境的基本特质。在这一思想指导下，我带领设计组兵分两路，一路专门研究功能分区与各种流线，一路专门推敲建筑空间及造型。尤其值得一提的是，在建筑形式的建构中，我们采用了手绘草图、电脑建模及制作工作模型三管齐下的工作方法，各种方法互补、连动，反复推敲与比较，很快就找准了基形定位，果断的决策为深化方案及制作设计成果赢得了宝贵

深圳西部通道旅检大楼

时间，我们设计团队由于定位准确，计划性强，而最终拿出了一套具有很强竞争力的方案成果。

我们提交的方案又以第一名胜出，与第二名方案一起提供市领导拍板。由于时间紧，任务急，市领导很快就决定采用我院设计方案，使我们设计工作接着就转入完善、修改及初步设计新的阶段。

该项目施工图设计阶段是一个漫长、反复、充满疑难问题的过程，因为旅检大楼一边业主为深方，一边业主为港方，一幢建筑两套要求与标准，这成为设计团队面临的重大困难与考验。但令人欣慰的是，尽管矛盾多，难度大，在三院领导层高度重视及亲自管理下，充分调动与发挥设计团队的责任感与能动性，经过长期与甲方及港方的互动与磨合，最终使该项目圆满完成。在国家领导人一行为旅检大楼启用剪彩时，胡锦涛总书记对该项目的设计给予了肯定与赞赏，并认真询问了设计机构的情况。这无疑是对我们设计团队及全院的一种鼓励与认可，也表明了我们终于向深港两地民众交了一份满意的答卷。

建筑师：孟建民、许红燕、王超、宁坤、冯志勇、归素川、关红第、张昌盛、杨晓峰、张娟、王栋、雷鸣远、魏瑛璐、张君、袁景、韩红梅等。

项目简介：本项目是国内第一次采用深港联合的“一地两检”模式，是世界上同类口岸中最大的现代化、智能化口岸，为办公建筑，钢筋混凝土框架结构，占地面积 117.9 万 m^2，总建筑面积 15.3 万 m^2，建筑高度 34m，设计自 2003 年 6 月始，2007 年 7 月竣工。

六、无畏的探求与进取

申办世界大学生运动会是深圳市政府 2006 年倾全力争办的一件大事。为了实现成功申办，市委市政府向世界大学生运动委员会作出了郑重承诺：拟在深圳兴建一流的大运场馆。为此，市体育局、规划局和公务署联手进行了深圳大运会中心场馆设计方案国际招标。消息发出后，国内外各大设计机构，特别是擅长体育场馆设计的著名机构都踊跃报名，我院虽然体育建筑设计经验少，资格浅，但凭借作为深圳市龙头大院，自认为很有必要在此国际大赛中一试身手。这当然是一厢情愿的事情，实际上招标单位在比选参赛设计机构时，我们总院因为缺乏业绩，基本上被排除在选择范围之外。

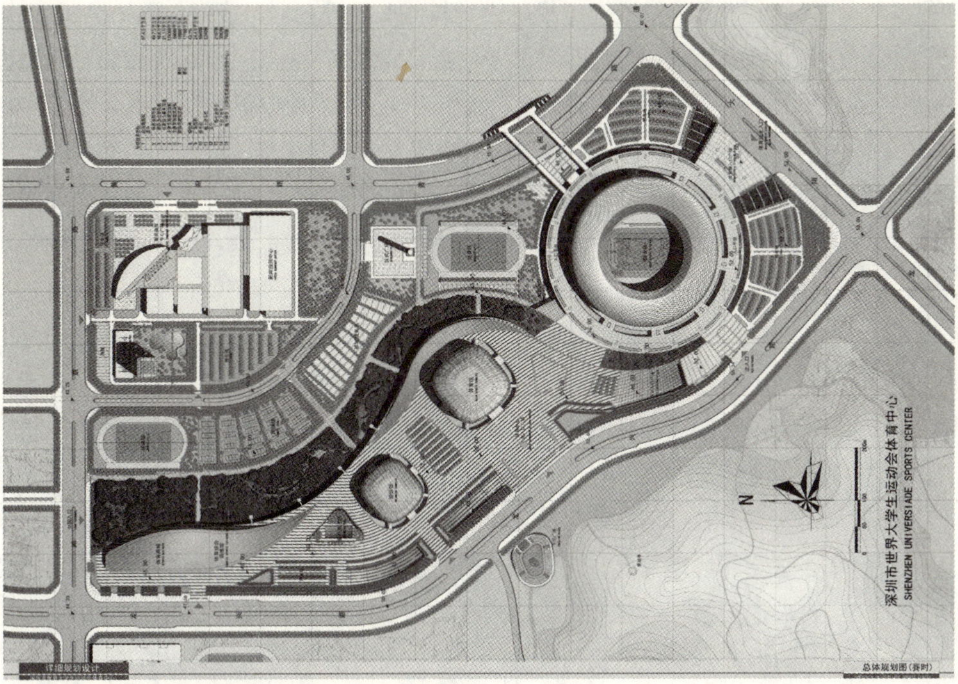

深圳市世界大学生运动会体育中心总平面图（赛时）

深圳市世界大学生运动会体育中心效果图

当我们知道选定投标设计机构时限已近时，我们心急如焚！为了能够争取到投标权，当晚即向市领导赶写请战书。机不可失，失不再来，恰好第二天下午全市召开干部大会，我作为与会者，中午很早就赶到会场并等在后台贵宾休息室门前。市领导陆续到来，我向吕锐锋、闫小培等市领导直接递交了申请报告，他们欣然接受。也许我的想法太单纯，认为给市领导送文件很正常，但当我给市委书记递送时，顿时发觉我的这种方式存在问题：书记可能担心我是请愿或信访者的私闯行为而拒收文件。即时保卫人员将我急拉到一旁，当我说明情况后，没对我的行为进行深究。会后听说市领导对市委办公厅进行了批评，想起此事我很自责。但若不是直接递给领导申请报告，可能我院参加投标的机会就完全丧失了。终于，请示报告起了作用，我院作为本地代表，以重在参与的姿态被列入投标单位之一。

面对强手，我们首先树立的是自信心，没有自信，何谈竞标。工作室与总院环境所联手制定了周全的工作计划，我与沈晓恒带领大家采取"请进来走出去"的策略，虚心向体育建筑专家请教学习。同时也发挥我们最大的潜能，表现出我们最优的一面。当时我们面临的难点有四个方面：其一，体育建筑综合场馆的设计经验少，对体育工艺了解甚为欠缺；其二，该项目用地的地形地貌复杂，西高东低，高差较大；其三，体育场南北主轴与主出入口干道成40多度夹角，使主立面造型难以处理；其四，建筑形象需简约大气且要展示原创性。我们设计团队本着即使不能中标，也能学到专业知识的态度，全面开展创意工作。当时间过半时，我们仍处在研究摸索、一筹莫展的状态，我心里很着急，立即召开全员会议，向大家讲明：争取这次机会来之不易，我们决不甘心将这次进取的机会就这么轻易放掉。向每一位设计人员施加压力。高压之下可能会迸发出超常的能量与意想不到的效果。在大家相互激励与启发下，我们面临的技术难题被一一攻破，最终按时向招标机构呈交了设计成果。

争进优胜行列是我们的投标初衷。当评审结果公布我院方案与德国GMP的设计方案同为优胜方案时，全院为之鼓舞！在其他竞标对手眼里，我们并不是他们的对手，但评审结果表明：不是名气决定结果，而是态度加实力。

当大运主席基里安先生看到公示的两个优胜方案时，对我院的方案表示了好感与赞赏，但最终市政府选择了GMP的方案作为实施方案。由于我们是优胜单位之一，所以我们作为施工图合作的首选单位，为总院又一次争取了做大型体育建筑的机会。

建筑师：（工作室）孟建民、邢立华、廉大鹏、黄朝捷、高基伟等，（环境所）沈晓恒、陈云涛、吴超、林镇海、马杰、熊欣、陈晖等。

项目简介：深圳大运中心体育场位于龙岗区奥体新城，是2011年世界大学生田径运动会的主体育场，能容纳6万名观众，为体育建筑，钢屋盖为空间折面单层网格结构，看台为现浇钢筋混凝土框架结构，占地面积8.3万m^2，总建筑面积13.5万m^2，建筑高度53m，合作方为德国GMP，设计自2006年12月始，正在进行初步设计。

以上是我所主持设计几个重大项目的经历与总结。概括起来，能够取得上述成绩的个人体会有如下几条：

1. 只要有1%的希望，就要做100%的努力；

2. 别人要求你做一分，你就一定争取做二分；

3. 争取比对手做得多0.1分，快0.1秒，好0.1点，那么你就是优胜者，就是冠军；

4. 养成好的学习、思考及工作习惯，一定会受用一辈子；

5. 克服等价心态，只要尽职尽力，从长远看，你一定会得到公平的回报与待遇；

6. 给自己成长的机体是植入老鼠基因，还是大象基因，完全在于你自己。